职业教育教材

分子生物学检测技术

FENZI SHENGWUXUE JIANCE JISHU

李晓红　句荣辉　主编

化学工业出版社

·北京·

内容简介

本教材以食品领域中分子生物学典型工作任务为载体，采用理实一体化模式分模块编写。分为绪论和核酸分离纯化技术、基因扩增检测技术、重组 DNA 技术、ELISA 技术、蛋白质纯化与分析技术 5 个技术模块，其中包含 9 个学习性项目和 12 个工作任务，每个项目从案例导入、必备知识、技能训练、能力测验等方面设计教学内容。本书采用"一体式串联法"将看似孤立的实验衔接起来，附有《学生技能训练手册》，既可提高实践教学效率，又可激发学生学习兴趣、增强学生的责任感和成就感。

本教材可作为高等职业院校食品类和生物技术类相关专业的教材，也可作为 PCR 检测、基因工程等相关专业领域工作者的参考用书。

图书在版编目（CIP）数据

分子生物学检测技术 / 李晓红，句荣辉主编. --北京：化学工业出版社，2025.5. --（职业教育教材）. -- ISBN 978-7-122-48251-8

I. Q7

中国国家版本馆 CIP 数据核字第 2025LP5106 号

责任编辑：张雨璐　迟　蕾　李植峰　　　　　文字编辑：药欣荣　陈小滔
责任校对：李雨晴　　　　　　　　　　　　　装帧设计：王晓宇

出版发行：化学工业出版社（北京市东城区青年湖南街 13 号邮政编码 100011）
印　　装：涿州市殷润文化传播有限公司
787mm×1092mm　1/16　印张 13$\frac{1}{2}$　字数 260 千字
2025 年 9 月北京第 1 版第 1 次印刷

购书咨询：010-64518888　　　　　　　　　　售后服务：010-64518899
网　　址：http://www.cip.com.cn

《分子生物学检测技术》编写人员

主　编　李晓红　句荣辉

副主编　覃鸿妮　徐瑷聪　鞠守勇　夏　凯

编写人员（按姓氏汉语拼音排序）

李晓红（北京农业职业学院）

鞠守勇（武汉职业技术学院）

句荣辉（北京农业职业学院）

覃鸿妮（苏州工业园区服务外包职业学院）

夏　凯（中国食品发酵工业研究院）

徐瑷聪（北京工业大学）

薛香菊（山东食品药品职业学院）

杨俊峰（内蒙古农业大学职业技术学院）

杨　洋（北京农业职业学院）

朱鹏宇（中国检验检疫科学研究院）

主　审

许文涛（中国农业大学）

田　锦（北京农业职业学院）

前言
PREFACE

分子生物学是生命科学中充满探索魅力的学科。我们置身于成千上万的分子世界中遨游，好像沧海一粟。自20世纪60年代以来，分子生物学迅猛发展，人们经历了探索—发现—应用的历程。每一次重大的发现和突破，无不凝聚了科学家们的智慧和勤奋。目前，针对高职类院校的分子生物学检测技术相关的教材相对较少，且偏向于医学检验方面。本教材本着"必需、够用"的原则，紧密对接高职高专食品生物技术类专业的人才培养目标，以分子生物学理论和技术的应用案例为载体，旨在激发学生学习兴趣，掌握分子生物学的理论知识和操作技能，培养食品安全检测、生物检测、环境检测等领域的高素质技能型人才。

本教材以食品中转基因成分的检测为切入点，引入分子生物学基础知识，同时以此为项目任务。如以玉米转基因成分检测为主线，将玉米DNA提取、核酸凝胶电泳、核酸纯度检测和PCR技术检测转基因成分甚至荧光定量PCR技术检测外源基因含量串联起来，上个实验的结果是下个实验的原材料，环环相扣，这样可有效避免学生草率完成实验任务不顾结果的现象。再如重组DNA技术类实验，将外源基因转入大肠杆菌，构建重组菌株，然后进行重组菌株的筛选、外源蛋白的表达检测等，可以让学生系统地掌握重组DNA技术的相关知识和操作技能。在本书的指导下进行教学，可实现一个学期完成一项较为完整的检测项目和构建出一个转基因菌株。教材以分子生物学检测工作过程系统化为出发点，以国家检测标准为参照，构建了5个技术模块，每个技术模块以真实岗位任务引入教学内容，提出科学问题，激发学生学习兴趣；以知识链接环节拓宽学生的知识面，增强阅读性；以课堂活动环节活跃课堂气氛，增强师生互动；实训环节以真实案例"任务驱动式"展开，每个任务都设有"任务实施"，使任务执行过程更加明晰，考核评价环节更加体现过程考核和以学生为主体的教学理念。同时，本书为扩大学生在分子生物学检测应用的知识面，设置了知识拓展、技能拓展等内容，体现了"以就业为导向，以能力为核心"，实现职业教育教学过程与工作过程融合，培养高素质技能型人才的指导思想，为学生以后走上工作岗位打下坚实的基础。

本教材力争以简明的方式图文并茂地阐述分子生物学基础知识和实验原理，让学生在学会操作技能的同时，不仅能"知其然"，还能"知其所以然"，将检测原理与检测技能相结合，突出岗位职业能力的培养。

本教材由校企人员共同编写。绪论部分由徐瑗聪、李晓红、夏凯编写；模块一由覃鸿妮编写；模块二由李晓红、鞠守勇、句荣辉编写；模块三由杨俊峰编写；模块四由薛香菊编写；模块五由杨洋编写；实训部分由李晓红、朱鹏宇编写；文字校对由句荣辉完成。全书由李晓红统稿，中国农业大学许文涛教授和北京农业职业学院田锦教授主审。编写过程中，借鉴和参考了很多专家学者的研究成果，在此表示诚挚的谢意！

本书编者水平有限，编写时间仓促，书中内容难免有疏漏之处，敬请各位读者批评指正。

编 者

目录

CONTENTS

模块二　基因扩增检测技术 061

模块三　重组 DNA 技术 090

绪　　论

⊙

🔆 知识目标

1. 掌握分子生物学的概念及研究内容。
2. 熟悉分子生物学发展历程。
3. 了解分子生物学的发展趋势及应用。

🎖 思政素养目标

1. 培养科学精神：了解分子生物学发展史，培养科学思维和方法论，提高科学素养和创新能力，引导坚持实事求是、追求真理的科学态度。
2. 增强社会责任：了解分子生物学在国家发展中的重要性，积极参与社会实践，关心国家和人民的发展，增强为社会进步贡献力量的责任感和使命感。

一、分子生物学发展简史

分子生物学是第二次世界大战后，由生物化学、遗传学、微生物学、病毒学结构分析及高分子化学等不同研究领域结合形成的一门交叉科学。目前分子生物学已发展成生命科学中的带头学科。"分子生物学"一词最早于 1945 年由 William Astbury 首次提出，定义为从分子水平了解各种生命现象的科学范畴，分子生物学诞生之初，研究对象主要集中于生物大分子——核酸和蛋白质。

1. 分子生物学研究的准备和酝酿阶段

19 世纪后期到 20 世纪 50 年代初，是现代分子生物学诞生的准备和酝酿阶段。

（1）遗传学三大定律和基因的发现

1838 年，德国科学家施莱登和施旺确立了细胞理论。

1859 年，英国生物学家达尔文出版了《物种起源》一书，第一次用大量事实和系统的理论论证了生物进化的普遍规律，确立了进化论。

1866 年，奥地利科学家孟德尔建立了遗传学。在《布鲁恩自然科学研究学会学报》上发表了通过豌豆杂交实验得出的两个遗传学定律，即经典遗传学独立分配定律和自由组合定律。

1869 年，德国科学家 Miescher[图 0-1(a)]首次从莱茵河鲑鱼精子中提取了 DNA。

1900 年，孟德尔的遗传规律被证实，被称为近代遗传学的基础。

1902 年，萨顿（Walter Sutton）发现了生殖细胞的分裂方式——减数分裂，并进一步将孟德尔遗传规律与染色体行为结合起来，扩充了染色体理论。

1905 年，英国生物学家贝特森（W.Bateson）等在对香豌豆的研究中，发现了性状的连锁现象，但他未给出合理的解释。

1909 年，丹麦遗传学家约翰逊（W. Johansen）在《精密遗传学原理》一书中正式提出"基因"概念。

1910 年，美国科学家摩尔根及其同事通过对果蝇的研究，提出了遗传学的第三大定律——连锁与交换定律，并且创立了基因论。

1910 年，德国科学家 A.Kossel[图 0-1(b)]第一次分离获得单核苷酸，揭开了核酸研究的序幕。

1915 年，美国遗传学家摩尔根提出基因学说。

1933 年，摩尔根提出了遗传的染色体理论，即染色体上的基因是遗传的基本单位，并通过对模式动物果蝇的研究验证了其正确性。这一杰出的工作使他获得了诺贝尔生理学或医学奖。

(a) 德国科学家Miescher　　　　(b) 德国科学家A.Kossel

图 0-1　两位杰出的德国科学家

（2）确定了遗传物质的本质是 DNA

① DNA 发现的过程　1868 年，瑞士生物学家米歇尔（J.F.Miescher）首次发现了核素（nuclein）的存在，但在此后的半个多世纪并未引起重视。

1902 年，美国萨顿通过观察减数分裂时的染色体，推测基因位于染色体上。

1910 年，摩尔根确定基因位于染色体上。

20 世纪 20～30 年代，确认自然界有 DNA 和 RNA 两类核酸，并阐明了核苷酸的组成。由于当时对核苷酸和碱基的定量分析不够精确，得出 DNA 中 A、G、C、T 含量是大致相等的结论，因而曾长期认为 DNA 只是"四核苷酸"单位的重复，不具有多样性，不能携带更多的信息。当时对携带遗传信息的生物大分子考虑更多的是蛋白质。

② DNA 功能的研究　1944 年，美国微生物学家艾弗里（O.T.Avery）等证明了肺炎球菌转化因子是 DNA。

1952 年，赫尔希（A.D.Hershey）和蔡斯（M.Chase）用放射性同位素 ^{35}S 和 ^{32}P 分别标记 T_2 噬菌体的蛋白质和核酸感染大肠杆菌的实验进一步证明了 DNA 是遗传物质。

③ DNA 结构的研究　1949—1952 年，富伯瑞（S.Furbery）等通过 X 射线衍射分析阐明了核苷酸并非平面的空间构象，提出了 DNA 是螺旋结构。

1948—1953 年，夏格夫（Chargaff）等用新的层析和电泳技术分析组成 DNA 的碱基和核苷酸数量，积累了大量的数据，提出了 DNA 碱基组成 A=T、G=C 的 Chargaff 规则，为碱基配对的 DNA 结构认识打下了基础。

（3）对蛋白质的了解和认识

1926 年，美国科学家萨姆纳（J.B.Sumner）从刀豆中首次获得了脲酶的结晶，并证实酶是蛋白质。

1953 年，桑格（Sanger）利用纸电泳及层析技术首次阐明胰岛素的一级结构，开创了蛋白质序列分析的先河。

1962 年，肯德鲁（Kendrew）和佩鲁茨（Perutz）利用 X 射线衍射技术解析了肌红蛋白和血红蛋白的三维结构，论证了这些蛋白质在输送氧分子过程中的特殊作用，成为研究生物大分子空间立体结构的先驱。同年，荣获诺贝尔化学奖。

1984 年，德国人科勒（Kohler）、美国人米尔斯坦（Milstein）和丹麦科学家耶恩（Jerne）由于发展了单克隆抗体技术，完善了极微量的蛋白质检测技术而分享了诺贝尔生理学或医学奖。

2. 现代分子生物学的建立与发展阶段

（1）DNA 双螺旋结构模型的提出

1951 年，英国科学家富兰克林（R. Franklin）拍摄了 DNA 晶体衍射图片，并分析了关于此物质的相关数据。

根据 DNA 晶体衍射图片和 Chargaff 规则，1953 年沃森和克里克提出 DNA 双螺旋结构模型（图 0-2）。这是现代分子生物学诞生的里程碑，开创了分子遗传学基本理论建立和发展的黄金时代。沃森（Watson）与克里克（Crick）也因此共享了 1962 年的诺贝尔生理学和医学奖。其最深刻的意义在于：确立了核酸作为信息分子的结构基础；提出了碱基配对是核酸复制、遗传信息传递的基本方式，从而确定了核酸是遗传的物质基础，为认识核酸与蛋白质的关系及其在生命中的作用打下了重要基础。

图 0-2　沃森和克里克发现 DNA 双螺旋结构

（2）遗传信息传递——中心法则的建立

分子生物学的中心法则，首先由克里克于 1958 年提出，并于 1970 年在《自然》上的一篇文章中重申。

分子生物学的中心法则旨在详细说明连串信息的逐字传送。它指出遗传信息不能由蛋白质转移到蛋白质或核酸之中——换句话说，遗传信息传到蛋白质之后，不能回流到核酸之中。

中心法则经常遭到误解，尤其与遗传信息"由 DNA 到 RNA 到蛋白质"的标准流程相混淆。有些与标准流程不同的信息流被误以为是中心法则的例外，朊病毒是中心法则已知的一个例外。

遗传信息的标准流程大致可以这样描述："DNA 转录 RNA，RNA 翻译蛋白质，蛋白质反过来协助前两项流程，并协助 DNA 自我复制"，或者更简单地描述为"DNA → RNA → 蛋白质"。所以整个过程可以分为三大步骤：转录、翻译和 DNA 复制。

中心法则从 1958 年提出至今，已经有了全新的发展（图 0-3）。

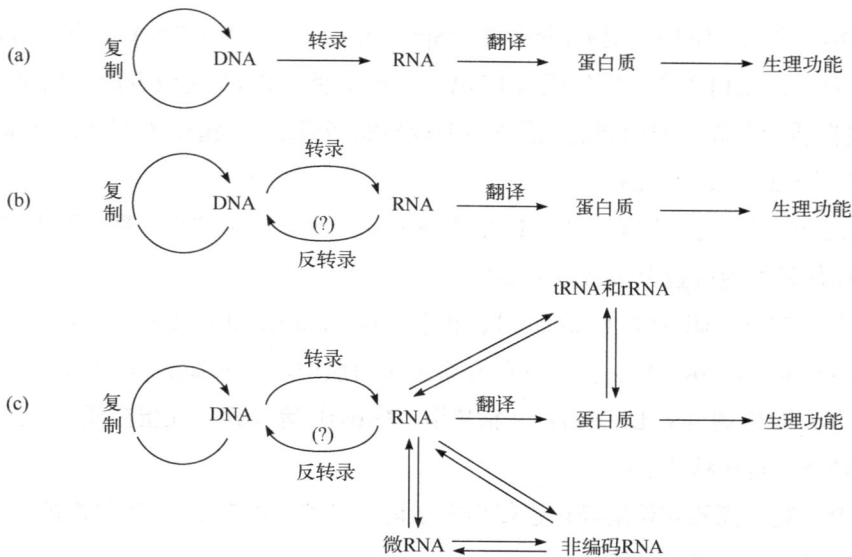

图 0-3 中心法则

(a) 1958 年首次提出的中心法则示意图; (b) 20 世纪 70～80 年代广为流传的中心法则示意图; (c) 进入 21 世纪后修正的中心法则示意图

① DNA 的复制 在发现 DNA 双螺旋结构的同时，沃森和克里克提出了 DNA 复制的半保留机制。

1953 年，沃森和克里克提出了 DNA 复制的模型。

1956 年，科恩伯格（A. Kornberg）首先发现 DNA 聚合酶 I，在大肠杆菌无细胞提取液中实现了 DNA 合成。

1958 年，梅索森（M. Meselson）及斯塔尔（F.W. Stahl）用同位素标记和超速离心分离实验证实了 DNA 的半保留复制。

1968 年，冈崎（R. Okazaki）提出 DNA 不连续复制模型。

1970 年初，J.C.Wang 获得 DNA 拓扑异构酶，并对真核 DNA 聚合酶特性做了分析研究。

1972 年，R. Okazaki 和 T. Okazaki 证实了 DNA 复制开始需要 RNA 作为引物。

以上研究使人们对 DNA 复制机理的认识逐渐完善。

② RNA 的转录 在阐释 DNA 复制机制的同时，RNA 在遗传信息传到蛋白质过程中起着中介作用的假说被提出。

1957 年，克里克提出最初的中心法则：DNA→RNA→蛋白质，并说明遗传信息在不同的大分子之间的传递是单向的、不可逆的，只能从 DNA 到 RNA（转录），从 RNA 到蛋白质（翻译）。

1958 年，韦斯（S. Weiss）及赫特维兹（J. Hurwitz）等发现了依赖于 DNA 的 RNA 聚合酶。

1961 年，豪尔（Hall）和施皮格尔曼（Spiegelman）用 RNA-DNA 杂交证明 mRNA 与 DNA 序列互补，蛋白质合成的模板是 RNA，逐步阐明了 RNA 转录合成的机理。

③ 蛋白质的翻译　与此同时，蛋白质合成机制研究取得突破，人们认识到蛋白质是接受 RNA 的遗传信息而合成的。

20 世纪 50 年代初，扎米尼克（P.C. Zamecnik）等在形态学和分离的亚细胞组分实验中发现微粒体是细胞内蛋白质合成的部位。

1957 年，霍格兰德（M. Hoagland）、扎米尼克（Zamecnik）及斯蒂芬森（Stephenson）等分离出转运 RNA（tRNA），并对它们在合成蛋白质中转运氨基酸的功能提出了假设。

1961 年，布伦纳（S. Brenner）及格鲁斯（Gross）等观察了在蛋白质合成过程中信使 RNA（mRNA）与核糖体的结合。

1961 年，克里克和布伦纳等用遗传学方法证实了伽莫夫在 1954 年提出的从 mRNA 到蛋白质的三联体遗传密码规律。

1964 年，Jacob 和 Monod 用 T4 噬菌体感染的大肠杆菌系统，发现了转录过程和 mRNA。

1965 年，Jacob 和 Monod 提出操纵子学说，开创了基因表达调控研究。

1965 年，Holley 首次测出了酵母丙氨酸 tRNA 的一级结构。

20 世纪 60 年代，美国生物化学家 Kornberg[图 0-4(a)]与 Ochoa[图 0-4(b)]用人工合成的方法制备了 DNA 和 RNA。尼伦伯格（Nirenberg）、霍利（Holley）以及科拉纳（Khorana）等破译了 RNA 上编码合成蛋白质的遗传密码。随后美国生物化学家 Khorana 进行了 64 种可能的遗传密码的化学合成与功能测试。1968 年，科拉纳、霍利和尼伦伯格分享了诺贝尔生理学或医学奖。

(a) Arthur Kornberg　　　(b) Severo Ochoa

图 0-4　DNA 和 RNA 合成者

1970 年，克里克重申了中心法则的重要性，提出了更为完整的图解形式。

上述重要发现共同建立了以中心法则为基础的分子遗传学基本理论体系。

1970 年，特明（Temin）和巴尔的摩（Baltimore）同时从鸡肉瘤病毒颗粒中发现以 RNA 为模板合成 DNA 的反转录酶，进一步补充和完善了遗传信息传递的中心法则。特明、巴尔的摩和美国的杜尔贝克（Dulbecco）共享了 1975 年的诺贝尔生理学或医学奖。

1981 年，中国科学家在世界上首次人工合成了 76 个核苷酸的整分子酵母丙氨酸 tRNA，化学结构与天然分子完全相同，并且有生物活性，标志着我国在该领域进入了世界先进行列。

（3）对蛋白质结构与功能的进一步认识

1956—1958 年，Anfinsen 和 White 根据酶蛋白的变性和复性实验，提出蛋白质的三维空间结构是由其氨基酸序列来确定的。

1958 年，Ingram 证明正常的血红蛋白与镰刀状细胞溶血症病人的血红蛋白之间，亚基的肽链上仅有一个氨基酸残基的差别，使人们对蛋白质一级结构影响功能有了深刻的印象。

蛋白质研究手段的改进　1969 年，Weber 开始应用 SDS-聚丙烯酰胺凝胶电泳测定蛋白质分子量；20 世纪 60 年代先后分析得到血红蛋白、核糖核酸酶 A 等一批蛋白质的一级结构。

1973 年，氨基酸序列自动测定仪问世。

1965 年，中国科学家人工合成了牛胰岛素；1973 年，中国科学家用 1.8Å X 射线衍射分析法测定了牛胰岛素的空间结构，为认识蛋白质的结构做出了重要贡献。

3. 分子生物学的深入发展和应用阶段

自 20 世纪 70 年代以来，分子生物学不仅产生了基因重组、DNA 测序、核酸印迹、单克隆抗体、DNA 体外扩增、Sanger 测序、基因敲除、基因转移以及体细胞克隆等多项重要技术，而且在基因工程药物和疫苗、基因诊断与治疗、转基因动植物、动物的体细胞克隆、人类基因组序列精图、RNA 催化功能、朊病毒、真核生物的转录机制、基因编辑、单细胞测序等领域取得了重大成果。

（1）重组 DNA 技术的建立和发展

1967—1970 年，R.Yuan 和 H.O.Smith 等发现的限制性核酸内切酶为基因工程提供了有力的工具。

1972 年，Berg 等将 SV-40 病毒 DNA 与噬菌体 P_{22} DNA 在体外重组成功，转化大肠杆菌，使本来在真核细胞中合成的蛋白质能在细菌中合成，打破了种属界限，并因此获得了 1980 年的诺贝尔化学奖。

1977 年，Boyer 等首先将人工合成的生长激素释放抑制因子 14 肽的基因重组入质粒，成功地在大肠杆菌中合成得到 14 肽。

至今我国已有人干扰素、人白介素-2、人集落刺激因子、重组人乙型肝炎疫苗、基因工程幼畜腹泻疫苗等多种基因工程药物和疫苗进入生产或临床试用。世界上还有几百种基因工程药物及其他基因工程产品在研制中，这是当今农业和医药业发展的重要方向，将对医学和工农业发展做出新贡献。

① 转基因动物　在提高动物生长率，提高动物产毛性能，提高动物抗寒抗病等方面取得了重大进步。

1982 年，Palmiter 等将克隆的生长激素基因导入小鼠受精卵细胞核内，培育得到比原小鼠个体大几倍的"巨鼠"，激起了人们创造优良品系家畜的热情。

1990 年，中国农业大学培育的转基因猪，生长速度超出对照组 40%。

1992 年，Berm 将小鼠抗流感基因转入了猪体内，使转基因猪增强了对流感病毒的抵抗能力。

② 转基因植物　1994 年，比普通西红柿保鲜时间更长的转基因西红柿投放市场。

1996 年，转基因玉米、转基因大豆相继投入商品生产，美国最早研制得到抗虫棉花，我国科学家将自己发现的蛋白酶抑制剂基因转入棉花获得抗棉铃虫的棉花株。

③ 基因诊断与基因治疗　1991 年，美国向一患先天性免疫缺陷病（遗传性腺苷脱氨酶 ADA 基因缺陷）的女孩体内导入重组的 ADA 基因，获得成功。

1994 年，我国用导入人凝血因子Ⅸ基因的方法成功治疗了乙型血友病的患者。

在我国用作基因诊断的试剂盒已有近百种之多。基因诊断和基因治疗正在发展之中。

这段时期基因工程的迅速进步得益于许多分子生物学新技术的不断涌现。包括核酸的化学合成从手工发展到全自动合成；1975—1977 年，Sanger、Maxam 和 Gilbert 先后发明了三种 DNA 序列的快速测定法；20 世纪 90 年代，全自动核酸序列测定仪问世；1985 年，Cetus 公司 Mullis 等发明的聚合酶链式反应（PCR）的特定核酸序列扩增技术，更以其高灵敏度和特异性被广泛应用，对分子生物学的发展起到了重大的推动作用。

（2）基因组研究的发展

目前分子生物学已经从研究单个基因发展到研究生物整个基因组的结构与功能。测定一个生物基因组核酸的全序列无疑对理解这一生物的生命信息及其功能有极大的意义。

1977 年，Sanger 测定了 ΦX174 DNA 全部 5375 个核苷酸的序列。

1990 年，人类基因组计划（Human Genome Project，HGP）开始实施，这是生命科学领域有史以来全球性最庞大的研究计划。

1996 年底，许多科学家共同努力测出了大肠杆菌基因组 DNA 的全序列长 4×10^6 碱基对。

（3）单克隆抗体及基因工程抗体的建立和发展

1975 年，Kohler 和 Milstein 首次用 B 淋巴细胞杂交瘤技术制备出单克隆抗体。后来，人们利用细胞工程技术研制出多种单克隆抗体，为许多疾病的诊断和治疗提供了有效的手段。20 世纪 80 年代以后，随着基因工程抗体技术而相继出现的单域抗体、单链抗体、嵌合抗体、重构抗体、双功能抗体等为广泛和有效地应用单克隆抗体提供了广阔的前景。

（4）基因表达调控机理

Jacob 和 Monod（分子遗传学基本理论建立者）最早提出的操纵元学说打开了人类认识基因表达调控的窗口。在分子遗传学基本理论建立的 20 世纪 60 年代，人们主要认识了原核生物基因表达调控的一些规律；70 年代以后才逐渐认识了真核基因组结构和调控的复杂性。

1977 年，最先发现猴 SV40 病毒和腺病毒中编码蛋白质的基因序列是不连续的，这种基因内部的间隔区（内含子）在真核基因组中是普遍存在的，揭开了认识真核基因组结构和调控的序幕。

1981 年，Cech 等发现四膜虫 rRNA 的自我剪接，从而发现核酶。

20 世纪 80～90 年代，人们逐步认识到真核基因的顺式调控元件与反式转录因子、核酸与蛋白质间的分子识别与相互作用是基因表达调控的根本所在。

（5）细胞信号转导机理研究成为新的前沿领域

1957 年，Sutherland 发现 cAMP，并于 1965 年提出第二信使学说，这是人们认识受体介导的细胞信号转导的第一个里程碑。

1977 年，Ross 等用重组实验证实 G 蛋白的存在和功能，将 G 蛋白与腺苷环化酶的作用相联系起来，深化了对 G 蛋白偶联信号转导途径的认识。

20 世纪 70 年代中期以后，癌基因和抑癌基因的发现、蛋白酪氨酸激酶的发现及其结构与功能的深入研究、各种受体蛋白基因的克隆和结构功能的探索等，使近 10 年来细胞信号转导的研究有了更长足的进步。目前，对于某些细胞中的一些信号转导途径已经有了初步的认识，尤其是在免疫活性细胞对抗原的识别及其活化信号的传递途径方面和细胞增殖控制方面等都形成了一些基本的概念，当然要达到最终目标还需相当长时间的努力。

（6）朊病毒

300 多年前，人们就发现绵羊和山羊患上神经退行性疾病"羊瘙痒症"后，躯体协调性丧失，站立不稳，烦躁不安，其痒难熬，直至瘫痪死亡，却长期找不到病因。20 世纪 70 年代，有人用放射性处理破坏患有"羊瘙痒症"羊只的 DNA 和 RNA 后，发现其组织仍具有感染性，因此推侧"羊瘙痒症"的致病因子并非核酸，而可能是蛋白质。之后数十年研究表明，"羊瘙痒症"的罪魁祸首是一种具有传染性的蛋白质——朊病毒。朊病毒由一种正常细胞的蛋白质——PrP^c 变异而成，编码 PrP^c 的基因只含一个外显子，编码一个疏水性糖蛋白，表达于哺乳动物的大脑中。正常细胞中只含一个拷贝的 PrP^c 基因，PrP^c 蛋白一经表达就被迅速而完全地降解。令人不解的是，PrP^c 蛋白不仅具有极强的抵御蛋白酶的能力，使自身免遭降解，而且具有极强的"感染力"。

从表面上看，朊病毒以"蛋白质—蛋白质"的方式进行复制，因此，在相当长的一段时间内，人们认为朊病毒是一类以蛋白质为遗传物质的类病毒生物。然而，用基因敲除技术培育缺乏 PrP^c 基因的小鼠，接种朊病毒蛋白后不发病。如将正常脑组织块移植到此种转基因小鼠的脑内，接种朊病毒蛋白后仅移植的正常部位发生病变。由此可见，朊病毒仍然受正常细胞 DNA 序列的控制，是细胞内蛋白质在分子水平的病变。

4. 基因编辑技术的创新发展

（1）CRISPR-Cas 系统新变体与高精度编辑

近年来，CRISPR-Cas 基因编辑系统不断进化，涌现出更高效、更精确的变体，如 CRISPR-Cas12b 的 "HyperCut" 变体，显著降低了脱靶率，提升了基因治疗和分子生物学检测的精准度。同时，碱基编辑器（BE3）和先导 RNA（gRNA）等新型工具的出现，实现了在不引入额外 DNA 序列的情况下进行特定碱基替换，进一步提高了基因编辑的安全性和准确性。

（2）多基因同时编辑与复杂遗传疾病治疗

多基因同时编辑技术为复杂遗传疾病的治疗开辟了新路径。借助 CRISPR-Cas 系统或其他基因编辑工具，研究人员能够同时靶向多个基因，全面纠正遗传缺陷或调控基因表达。这一技术在癌症、遗传性代谢病等领域展现出广阔的应用前景，为个性化医疗提供了有力支持。

（3）靶向 RNA 编辑技术

靶向 RNA 编辑技术能够在 RNA 水平上进行基因修正，避免了 DNA 永久性改变的风险。该技术在分子生物学检测中具有潜在应用价值，如用于 RNA 病毒感染的快速检测和基因表达调控机制的研究。

5. 单细胞测序技术的突破与应用

（1）高通量单细胞测序技术

新一代高通量单细胞测序技术显著提高了测序通量和准确性，实现了大规模单细胞分析。该技术整合了基因组、转录组、表观组等多个层面的信息，为全面解析细胞功能和状态提供了有力工具。在分子生物学检测中，高通量单细胞测序技术可用于研究肿瘤微环境、免疫细胞亚群等复杂生物过程。

（2）单细胞多组学测序与临床诊断

单细胞多组学测序技术进一步整合了基因组、转录组、蛋白质组等多个层面的信息，为深入理解细胞功能和状态提供了可能。在临床诊断中，该技术可用于肿瘤的早期诊断、分型以及个性化治疗方案的制定。通过揭示肿瘤细胞的异质性和进化轨迹，单细胞多组学测序技术为制定个性化的治疗方案提供了科学依据。

> 1. 你印象最深刻的生物和医学相关的诺贝尔奖是哪个？对你有什么启迪？
> 2. 从 DNA 发现到双螺旋结构的阐明，你对生命科学的认识有何感想？

二、分子生物学的概念和研究内容

1. 分子生物学的概念

从广义上讲，分子生物学是研究核酸、蛋白质等所有生物大分子形态、结构与功能及其重要性、规律性和相互关系的科学。它是以核酸和蛋白质等生物大分子的结构及其在遗传信息和细胞信息传递中的作用为研究对象，从分子水平上对生物体的多种生命现象进行研究的学科；也是人类从分子水平上真正揭开生物世界的奥秘，由被动地适应自然界转向主动地改造和重组自然界的基础学科。

从狭义上讲，分子生物学研究的范畴偏重于核酸，主要研究基因和 DNA 的复制、转录、表达及调控等过程，其中也涉及与这些过程有关的蛋白质和酶的结构与功能的研究。

2. 分子生物学的研究内容

现代生物学研究发现，所有生物体中的有机大分子都是以碳原子为核心，并以共价键的形式与氢、氧、氮及磷等以不同方式构成的。不仅如此，一切生物体中的各类有机大分子都是由完全相同的单体，如蛋白质分子中的 20 种氨基酸、DNA 及 RNA 中的 8 种碱基所组合而成的，因此产生了分子生物学的 3 条基本原理：

① 构成生物体各类有机大分子的单体在不同生物中都是相同的；

② 生物体内一切有机大分子的构成都遵循共同的规则；

③ 某一特定生物体所拥有的核酸及蛋白质分子决定了它的属性。

（1）基因和基因组的结构与功能

基因是 DNA 分子中含有特定遗传信息的一段核苷酸序列，是控制性状的基本遗传单位。生物个体之间形态、发育和功能等方面的不同主要是由基因差异造成的。对基因和基因组的研究一直是分子生物学发展的主线。

20 世纪 50 年代以前，主要研究基因的染色体遗传学相关内容，在细胞水平和染色体水平上进行研究。20 世纪 50 年代之后，主要是在 DNA 水平上研究基因的功能。20 世纪 70 年代后，随着重组 DNA 技术的不断完善和发展，科学家们可以直接从克隆目的基因出发，研究基因的功能及其与表型的关系。这种研究途径改变了传统遗传学从表型到基因型的研究方法，而使基因的研究进入反向生物学阶段，大大加快了对基因结构和功能的研究进程。

20世纪90年代后，随着DNA序列测定技术的发展，科学家们从研究单个基因转向研究整个基因组，掀起了测定某物种全套遗传物质序列的热潮，先后测定出多个生物的基因组DNA序列。

进入21世纪以后，二代测序技术在分子生物学领域取得了广泛的应用。相较于上一代的测序技术，该技术可以对更多的样品同时进行核酸序列分析，这极大地提高了核酸分析的效率和准确度。

基因功能分析，是指利用生物信息学和不同表达系统对基因的功能进行预测、鉴定和验证。基因功能是在细胞组成的多层次复杂生命体中实现的，因此对基因功能的研究将极大程度上依赖于对模式生物的研究。基因功能研究的方法有：基因的生物信息学分析，基因的时空表达谱分析（mRNA水平的表达谱分析和蛋白质水平的表达谱分析），基因的功能预测（利用生物信息学进行功能上的预测和从结构学方面预测基因的功能），基因功能的实验学鉴定和验证（基因敲除和敲入技术、人工染色体的转导、反义技术、基因诱捕技术和微阵列分析）等。

（2）基因的表达与调控

基因表达的程序、时间和位置是受不同层次的调控因子控制的，特别是真核生物基因表达的调控更是多层次的，可以发生在不同水平上。其中，转录水平的调控是表达调控的关键环节，目前已分离出众多顺式作用元件和反式作用因子；转录后水平的调控也是表达调控的重要研究领域，如剪切、拼接、编辑等。生物的正常生长、发育和分化是由于基因调控与表达的结果，并可将遗传信息传递至下一代。

但近来研究表明，子代从亲代遗传得到的不仅仅是基因，似乎还有基因之外的其他遗传信息。这种非DNA序列信息的遗传现象被称为"表观遗传"。表观遗传是研究基因的核苷酸序列不发生改变的情况下，基因表达受环境、疾病等影响的可遗传变化的学科。研究内容主要包括两类：一是基因选择性转录表达的调控，包括DNA甲基化、基因印记、组蛋白共价修饰和染色质重塑；二是基因转录后的调控，包括基因组中非编码RNA、miRNA、反义RNA、内含子及核糖开关等。已有的研究表明，异常表观遗传改变可以作为疾病状态和疾病预测等的生物标志物。

（3）重组DNA技术

重组DNA技术，即基因工程，是20世纪70年代初兴起的一门技术科学。应用此技术能将一种生物体（供体）的基因与载体在体外进行拼接重组，然后转入另一种生物体（受体）内，使之按照人们的意愿稳定遗传并表达出新产物或新性状的DNA体外操作程序。

重组 DNA 技术有着广阔的应用前景。

首先，它可被用于大量生产某些在正常细胞代谢中产量很低的多肽，如激素、抗生素、酶类及抗体等，提高产量，降低成本，使许多有价值的多肽类物质得到广泛应用。由于发现了根癌农杆菌，发明了植物基因的轰击转化法，用转基因模式大规模改良农作物的抗病、抗逆、抗虫性，提高产量、改善品质或用传统农作物产生特种资源已经成为世界农业发展的潮流。

其次，重组 DNA 技术可用于定向改造某些生物的基因组结构，使它们所具备的特殊经济价值或功能得以显著提高。如有一种含有分解各种石油成分的重组 DNA 的超级细菌，能快速分解石油，可用来恢复被石油污染的海域或土壤。美国科学家应用该技术构建了"工程沙门菌"，在研制避孕疫苗方面取得了重要进展。他们先去掉沙门菌致病基因部分，再引入来自精子的某些遗传信息，将改造后的细菌送入雌鼠体内，发现能产生排斥精细胞的抗体，使精子不能与卵细胞结合，从而达到避孕目的。美国陆军研究发展和工程中心还从织网蜘蛛中分离出合成蜘蛛丝的基因，并利用该基因在实验室中生产蜘蛛丝。他们将这一基因转移到细菌内，生产出一种可溶性丝蛋白，经浓缩后纺成一种强度超过钢的特殊纤维。研究人员希望对该基因进行修饰，以生产出高性能纤维，从而用于生产防弹背心、帽子、降落伞绳索和其他高强度的轻型装备。

最后，重组 DNA 技术还被用来进行基础研究。如果说，分子生物学研究的核心是遗传信息的传递和控制，那么根据中心法则，我们要研究的就是从 DNA 到 RNA，再到蛋白质的全过程，即基因的表达与调控。在这里，无论是对启动子的研究（包括调控元件或称顺式作用元件），还是对转录因子的克隆与分析，都离不开重组 DNA 技术的应用。

（4）结构分子生物学

一个生物大分子（核酸、蛋白质或多糖）在发挥生物学功能时，必须具备两个前提：一是拥有特定的空间结构（三维结构）；二是在它发挥生物学功能的过程中必定存在着结构和构象的变化。结构分子生物学是研究生物大分子特定的空间结构以及结构的动态变化与其生物学功能关系的科学，它包括结构的测定、结构动态变化规律的探索和结构与功能相互关系 3 个主要的研究方向。前几十年，X 射线晶体衍射一直是倍受结构生物学家青睐的研究方法，该方法首先使蛋白质结晶，然后用 X 射线对其连续打击，并根据衍射光的信号模式重建它们的形状。X 射线晶体衍射法虽然能够生成高质量的分子结构，但并不是所有蛋白质都可轻易使用，因为有些蛋白质可能需要数月或数年才能结晶，而有些甚至根本无法结晶。因此，现在更多的科学家正采用冷冻电子显微镜研究生物大分子的结构。2020 年2 月初，一个收集由冷冻电子显微镜（cryo-EM）测定的蛋白质和其他分子结构的数据库，获得了第 10000 个数据条目。

(5) 基因组学、功能基因组学与生物信息学研究

基因组学指对所有基因进行基因组作图（包括遗传图谱、物理图谱、转录图谱）、核苷酸序列分析、基因定位和基因功能分析的一门科学。1990 年，国际人类基因组计划（HGP）正式启动。计划的目的是测定人类基因组的全部 DNA 序列，解读其中包含的遗传信息。对人类基因组进行测序并了解其组成、结构、功能和相互关系，绘制人类遗传信息的图谱，主要包括遗传图、物理图、序列图和转录图等。参加人类基因组计划的国家有美国、英国、德国、日本、法国和中国，中国是参与研究的唯一发展中国家，承担了1%的测序任务。此项人类基因组计划对于人类疾病的诊断和预防等具有重要意义，但同时有可能导致争夺基因资源、基因歧视等负面效应的出现。2003 年 4 月 14 日宣布完成全部测序任务。

随着人类基因组计划（HGP）的顺利进行，生物医学研究已进入后基因组时代。基因组学的研究发生了翻天覆地的变化，已从结构基因组学过渡到功能基因组学。功能基因组学以揭示基因组的功能及调控机制为目标，功能基因组学的研究是 21 世纪国际研究的前沿，也是最热门的研究领域之一。

结构基因组学是基因组学的一个重要组成部分和研究领域，它是通过基因作图、核苷酸序列分析以确定基因组成、基因定位的一门科学。功能基因组学是利用结构基因组学提供的信息和产物，发展和应用新的实验手段，通过在基因组或系统水平上全面分析基因的功能，使得生物学研究从对单一基因或蛋白质研究转向对多个基因或蛋白质同时进行系统研究的一门科学。功能基因组学代表基因组分析的新阶段，以高通量、大规模试验方法、统计与计算机分析为主要特征。功能基因组学的近期目标是采用高通量、大规模、自动化的方法，加速遗传分析进程；长远目标是避开传统遗传分析的局限，采用系统化的途径及数据采集方法阐明复杂的生物学现象。生物信息学是应用计算机和信息技术进行基因组信息的获取、处理、存储、分配、分析和解释的新兴交叉学科。

分子生物学
在食品领域
中的应用

分子生物学不仅是目前自然科学中发展最迅速、最具活力和生气的领域，也是新世纪的带头学科。

三、分子生物学实验基础知识

生物安全对提高国家传染病防治能力、防止滥用生物技术、预防生物恐怖袭击、保护生物遗传资源和多样性、保护生物实验室安全发挥着重要作用。随着生物、医疗、卫生事业、农业的快速发展，在生物病毒研究、临床实验室诊断、农业生物技术发展、遗传基因

工程等领域的生物安全问题越来越突出。实验室是一个每天都面临着不同"风险"的地方，每一次试验都是对自己规范操作的检验。近期，有些地方发生了实验室工作人员感染或意外泄露导致环境污染和社区人群感染的事件。因此，实验室的生物安全防护极为重要。

1. 生物安全

生物安全实验室由防护区和辅助工作区组成。根据对所操作生物因子采取的防护措施，将实验室生物安全防护水平分为一级、二级、三级和四级，一级防护水平最低，四级防护水平最高。以 BSL-1、BSL-2、BSL-3、BSL-4（bio-safety level，BSL）表示仅从事体外操作的实验室的相应生物安全防护水平。以 ABSL-1、ABSL-2、ABSL-3、ABSL-4（animal bio-safety level，ABSL）表示包括从事动物活体操作的实验室的相应生物安全防护水平。

（1）一级生物安全水平及防护 一级生物安全实验室（BSL-1）P1，也称为基础实验室。危害程度为：低个体危害，低群体危害。生物安全防护水平为一级的实验室适用于操作在通常情况下对人体、动植物或环境危害较低，不会引起健康成人、动植物疾病的致病因子。该级别的实验室对实验人员及实验室工作人员存在的潜在危害性最小，不像其他种类的特殊实验室那样严格。这类实验室可处理较多种类的普通病原体，如犬传染性肝炎、非感染性的埃西里氏大肠杆菌，以及对非传染性的病菌与组织进行培养。在该级别中需要防范的生物危害性是相对微弱的，仅需穿工作服，配戴手套和一些面部防护措施。在这类实验室中仅需要在开放实验台上依循微生物学操作技术规范（GMT）即可。在一般情况下，被污染的材料都留在开放（但分别注明）废弃物容器。除此之外，这类型的实验后洗净程序与我们在日常生活对于微生物的预防措施皆相同（例如，用抗菌肥皂洗涤一个人的手，以消毒剂清洗实验室的所有暴露表面等）。实验室环境中所使用的材料须经高压灭菌消毒处理。实验室人员在实验室中进行的程序必须由受过普通微生物学或相关科学训练的人员进行监督且须事先训练。

（2）二级生物安全水平及防护 二级生物安全实验室（BSL-2），也称为P2。危害程度为：中等个体危害，有限群体危害。这类实验室能处理较多种的病菌，且该病菌对人体、动植物或环境仅具有中等危害或具有潜在危险，或者是难以在实验室环境的气溶胶中生存。如大部分的衣原体，C型肝炎、A型流感、莱姆病原体，沙门菌，腮腺炎病毒，麻疹病毒，艾滋病病毒，抗药性金黄色葡萄球菌等。实验人员与处理病原体人员需经过特定培训和高级培训。在可能造成传染性的气溶胶或喷雾被制造时必须在二级生物安全柜中进行。

（3）三级生物安全水平及防护 三级生物安全实验室（BSL-3）P3，可称作高度安全实验室。危害程度为：高个体危害，低群体危害。对人体、动植物或环境具有高度危险性，主要通过气溶胶使人感染上严重甚至是致命的疾病，或对动植物和环境具有高度危害的致病因子，包括各种细菌、寄生虫和病毒，但目前已经有治疗方法。如炭疽杆菌、结核杆菌、利什曼原虫、鹦鹉热衣原体、西尼罗河病毒、委内瑞拉马脑炎病毒、东部马脑炎病毒、SARS

冠状病毒、伤寒杆菌、贝纳氏立克次体、裂谷热病毒、立克次氏体与黄热病毒。实验室工作人员必须在致病性和潜在的致命性或致病性病原体方面接受过具体培训，且应对经验丰富。该类实验室应具有特殊的工程设计特点，并配有生物安全三级安全设备。

（4）四级生物安全水平及防护　四级生物安全实验室（BSL-4）P4，可称作最（高度）安全的实验室。危害程度为：高个体危害，高群体危害。此级别需要处理对人体、动植物或环境具有高度危险性且未知的病原体，该病原体可能经由气溶胶传播或传播途径不明，且该病原体至今仍无任何已知的疫苗或治疗法，如阿根廷出血热与刚果出血热、埃博拉病毒、马尔堡病毒、拉萨热、克里米亚—刚果出血热、天花以及其他各种出血性疾病。当处理这类生物危害病原体时必须且具强制性地使用独立供氧的正压防护衣。生物实验室的 4 个出入口将配置多个淋浴设备、真空室与紫外线光室及其他旨在摧毁所有生物危害痕迹的安全防范措施。

根据国家、地区提出的要求严格处理病原微生物实验室的所有废弃物，其具体方法：①所有不再使用的培养物、标本与其他生物性材料，统一集中放置于防漏容器中，并在容器表面做生物危害标记，简单说明其中放置的废弃物。②金属、针头、玻璃与小刀等利器应放置于贴有"警告!损伤性废物"警示语的耐扎锐器盒中，相关人员在处理该类型废弃物时严格做好个人防护工作，并使用防护设备后方可进行处理。③统一集中使用过的具有腐蚀性、毒性的化学试剂，在经过浸泡处理后放置于"废液回收桶"中，由专业医疗废弃物处理中心统一收集处置。④所有被污染的废弃物、已经弃置的培养物与标本在运送出实验室前，均须经过消毒或无害化处理。⑤各容器装满废弃物后定时运走，禁止积存。⑥在实验室废弃物运送之后，详细记录运送情况，其中包括运送时间、废弃物种类与数量等，并由经办人签字。

2. PCR 检验实验室设计原则

（1）区域划分　基因扩增（PCR）检验实验室原则上分为 5 个独立的工作区域，并应按照从清洁、半污染到污染的顺序排列。各区内的试剂和耗材不能再进入任何"上游"区域。

① 试剂配制和贮存区：本区功能主要是实验相关试剂（如核酸提取液、乙醇等）的配制和贮存（包括商业化的试剂，如 PCR 反应缓冲液、*Taq* 酶和 dNTPs 等）。用于 PCR 扩增的试剂建议分装后保存。需配备 4℃和–20℃以下冰箱，按照试剂贮存条件分别贮存，并记录使用情况。

② 样本制备区：本区功能为待检样品的保存、DNA 和 RNA 的提取、OD 值的测定等。该区域安置外排式二级生物安全柜，降低实验过程中产生的有害气溶胶对实验人员和环境的危害。仪器设备主要应有加样器、冰箱、天平、台式高速离心机（冷冻及常温）、恒温设备（水浴箱或加热模块）、混匀器、可移动紫外灯、超净工作台等。

③ PCR反应配制区：本区功能为配制、分装PCR主反应混合液及加入核酸模板。仪器设备主要应有生物安全柜，可避免提取气溶胶在柜内反复循环，造成标本间交叉"污染"，出现假阳性结果。此外还应配备加样器、台式瞬时离心机、冰箱、混匀器、可移动紫外灯、超净工作台等。

④ 扩增区：本区主要为核酸扩增。加了DNA或RNA等模板的反应管应盖好管盖后拿到本区。在PCR过程中可产生大量短片段的核酸，是核酸气溶胶的重要来源，该区属于核酸污染区，需要尽量避免PCR反应时的爆管和PCR反应后盖弹开，一旦发生要做好记录并及时做好核酸污染的清洁处理，并监测空气中是否已经存在气溶胶。主要仪器就是核酸扩增热循环仪（PCR仪，实时荧光或普通的）。热循环仪的电源应专用，并配备一个稳压电源或UPS，以防止电压波动对扩增测定的影响。此外，根据工作需要，还可配备加样器、超净台等。

⑤ 扩增产物分析区：本区功能为扩增片段的测定。该区域自身不产生核酸气溶胶，但需要采取防止被气溶胶污染的措施，注意避免通过本区的物品将扩增产物带出。本区所使用的仪器设备可能有加样器、电泳仪（槽）、电转印仪、杂交炉或杂交箱、水浴箱、DNA测序仪、酶标仪和洗板机等。

⑥ 微生物培养室（如有需要）：本区功能为培养微生物。考虑到PCR检测的实际应用场景，可能会涉及微生物的培养，设置专门的微生物培养室来培养需要的微生物。使用时需要注意避免样本感染杂菌，避免污染。废弃菌液要灭活后再按要求弃置。注意保持卫生，避免噬菌体污染。

以上各区域都应有专项使用的设备，包括加样设备，如移液器、吸头等。适当时，可以用颜色或其他方式对不同区域内的实验用品加以区分，并避免不同工作区域内的设备和实验用品混用。

（2）气流流向　PCR实验室中容易产生核酸短片段形成的气溶胶污染，气溶胶是悬浮于气体介质中的由粒径为0.001～100 μm的固态或液态微小粒子形成的相对稳定的分散体系。一旦发生核酸气溶胶污染，会直接导致核酸检测结果出现错误，并且比较难以去除这种污染。为防止核酸气溶胶污染，各功能区需安装独立的通风系统，密封，不得交叉通风，避免交叉污染。

进入各工作区域必须严格按照单一方向进行，即试剂配制和贮存区→样本制备区→PCR反应配制区→扩增区→扩增产物分析区。理想情况下，PCR反应配制区、样本制备区、扩增区三个区域可设置缓冲间。在缓冲间内，可设置负压，使室内空气不流向室外，室外空气不流向室内。

（3）缓冲区间　实验功能区均需设置缓冲区间，控制空气的流向，缓冲区间门具有互锁功能，不能同时处于开启状态。缓冲区间内设置非手动开关的洗手装置、衣架或衣柜，方便实验人员进出换实验服。不同功能区缓冲区间应使用不同颜色的工作服，工作人员离开各缓冲区间不得将工作服带出。

3. 危险化学品

危险化学品（简称危化品），具有易制毒、易制爆、易燃、腐蚀性、剧毒等性质。近年来，因危化品试剂引发的安全事故频发，造成了大量的经济损失。危化品在受到摩擦、震动、撞击、接触火源、遇水或受潮、强光照射、高温、跟其他物质接触等外界因素影响时，能引起剧烈的燃烧、爆炸、中毒、灼伤、致命等灾害性事故。由于危险化学品事故发生的原因多种多样，因此在采购、保管和使用各种危化品的过程中，必须严格按照国家的有关规定和产品说明书的相关规定办理。

（1）易燃易爆类　实例：一氧化碳、氢气、乙炔、甲烷、三氯化钛、乙醇、乙醚、乙酸乙酯、丙酮、乙醛、氯乙烷、苯、甲苯、金属钠、氢化钾、红磷、镁粉、铝粉、锌粉、硫黄、三硝基甲苯、硝酸甘油等。

高压钢瓶气体、高压氮气、高压氧气和高压氢气等易燃、易爆气体，必须单独固定放置，由使用人负责管理。气瓶间严禁火种和热源。每天检查气瓶开关和气路是否正常，有无漏气，下班前要关闭气瓶阀门。如有漏气等不正常现象应立即采取措施，排除故障，使其恢复正常，否则应停止使用。所有高压气瓶要小心搬运，严禁撞击，远离热源。

（2）强氧化剂　实例：硝酸盐、过氧化钠、过氧化钡、过硫酸盐、硝酸盐、高锰酸盐、重铬酸盐、氯酸盐等。

强氧化剂的氧化性较强，容易产生爆炸，与易燃固体混合容易燃烧，与水反应后容易爆炸。单独保存强氧化剂，分别存放易燃物与还原剂，严格控制温度，避免超过室温，保持空气流通。

（3）强腐蚀性物质　实例：浓酸（包括有机酸中的甲酸、乙酸等）、固体强碱或浓碱溶液、液溴、苯酚等。

该类化学品腐蚀性较强，必须做好防护后使用，禁止与皮肤接触。

（4）剧毒类　实例：氰化钾、氰化钠等氰化物，三氧化二砷、硫化砷等砷化物，升汞（氯化汞）及其他汞盐，可溶性或酸溶性重金属盐以及苯胺、硝基苯、硫酸汞等。

直接危害人体的剧毒品是国家严格管理的试剂，在对其管理时，必须按照有关规定，制定管理程序，规范操作。具体包括以下方面：①严格落实"五双"（双人验收、双人保管、双人领取、双把锁、双本账）制度，是最关键的安全防护举措。②严格执行使用规程，领取物品人员务必详细填写使用登记表，相关领导批示后才能领取，领取数量要符合使用数量，剩余的物品要及时返还并记录，使用人员不得私自储存。③必须将剧毒药品和易燃易爆品分别储存，避免发生重大事故。④在剧毒药品的采购中必须适量，杜绝大量采购剧毒物品的现象。

（5）易制毒类 实例：三氯甲烷、浓硫酸、浓盐酸、乙醚、丙酮等。

易制毒化学品也是国家严格管制的化学品。由于易制毒化学品的特殊性，需要独立管理这部分化学试剂。实验室检测经常使用的化学品有三氯甲烷、浓硫酸、丙酮、浓盐酸等。虽然易制毒化学品类型并不复杂，但实验过程中使用量较大，所以易制毒化学品应设有专门储存地点，任命专人管理并制定相应的规章制度。领用时必须填写领用登记表（包括名称/数量/用途/使用人/日期等），以备查验和溯源。使用人员不得随意将易制毒化学品带出实验室。

危险化学试剂应储存在专用储存室（柜）内，根据试剂的分类、分项、容器类型、储存方式和消防的要求，设置相应的安全防护措施，并设专人管理。专用储存室（柜）存放电器设备和照明装置应符合防爆要求。储存室应有相应的安全标志。危险化学试剂出入库时，应进行检查、验收、登记，对散落的化学试剂应及时分类清除、处理，不得将散落的不同试剂混合。对性质不稳定、容易分解、变质和引起燃烧、爆炸的化学试剂，应定期进行检查。爆炸性试剂的储存应遵循先进先出的原则，以免储存时间过长，导致试剂变质。爆炸性试剂、剧毒化学试剂的储存做到双人管理、双锁、双人收发、双人使用、双账。不同品种的氧化剂应分别存放，不应和与其性质相抵触的物品共同储存。自燃性试剂应单独储存，储存处应通风、阴凉、干燥、远离明火及热源，防止太阳直射。

4. 分子生物学实验中常见危险化学品

① 二甲基亚砜（dimethyl sulfoxide，DMSO）：DMSO 存在严重的毒性作用，与蛋白质疏水基团发生作用，导致蛋白质变性，具有血管毒性和肝肾毒性。DMSO 是毒性比较强的东西，用的时候要避免其挥发，要准备 1%～5%的氨水备用，皮肤沾上之后要用大量的水洗以及稀氨水洗涤。

② 溴乙锭（ethidium bromide，EB）：一种高度灵敏的荧光染色剂，用于观察琼脂糖和聚丙烯酰胺凝胶中的 DNA。溴乙锭溶液的净化处理：由于溴乙锭具有一定的毒性，实验结束后，应对含 EB 的溶液进行净化处理再行弃置，以避免污染环境和危害人体健康。

③ 二乙基焦碳酸酯（diethylprocarbonate，DEPC）：可灭活各种蛋白质，是 RNA 酶的强抑制剂。DEPC 是一种潜在的致癌物质，在操作中应尽量在通风的条件下进行，并避免接触皮肤。DEPC 毒性并不是很强，但吸入的毒性是最强的，使用时戴口罩。不小心沾到手上注意立即冲洗。

④ 丙烯酰胺（acrylamide）：属中等毒性物质。可通过皮肤吸收及呼吸道进入人体，因此，在搬运和使用中必须穿戴好防护用具，如防毒服、防毒口罩及防毒手套等。丙烯酰胺的危害主要是引起神经毒性，同时还有生殖、发育毒性。神经毒性作用表现为周围神经退行性变化以及脑中涉及学习、记忆和其他认知功能部位的退行性变化。试验还显示丙烯酰胺是一种可能致癌物。

⑤ 二硫苏糖醇（dithiothreitol，DTT）：很强的还原剂，散发难闻的气味。可因吸入、咽下或皮肤吸收而危害健康。当使用固体或高浓度储存液时，戴手套和护目镜，在通风橱中操作。

⑥ 四甲基乙二胺（N, N, N', N'-tetramethylethylenediamine，TEMED）：强神经毒性，防止误吸，操作时快速，存放时密封。

⑦ 氯仿（$CHCl_3$）：对皮肤、眼睛、黏膜和呼吸道有刺激作用。它是一种致癌剂，可损害肝和肾。它也易挥发，避免吸入挥发的气体。操作时戴合适的手套和安全眼镜并始终在化学通风橱里进行。

⑧ 甲醛（HCOH）：有很大的毒性并易挥发，也是一种致癌剂。很容易通过皮肤吸收，对眼睛、黏膜和上呼吸道有刺激和损伤作用。避免吸入其挥发的气雾。要戴合适的手套和安全眼镜。始终在通风橱内进行操作。远离热源、火花及明火。

知识小结

1. 分子生物学最早于 1945 年提出，之后发展迅速，并经历了三个阶段：准备和酝酿阶段、现代分子生物学的建立和发展阶段、初步认识生命本质并开始改造生命的深入发展阶段。

2. 分子生物学的概念：从广义上讲，分子生物学是研究核酸、蛋白质等所有生物大分子形态、结构与功能及其重要性、规律性和相互关系的科学。从狭义上讲，分子生物学研究的范畴偏重于核酸，主要研究基因和 DNA 的复制、转录、表达和调控等过程。

3. 分子生物学主要研究内容：基因和基因组的结构与功能、基因的表达与调控、重组 DNA 技术、结构分子生物学、基因组学和功能基因组学与生物信息学研究。

4. 分子生物学技术在食品检测领域应用广泛。

5. 根据实验室所操作的生物因子的危害程度和所采取的防护措施，可将实验室生物安全防护水平（BSL）分为四级。一级防护水平最低，四级防护水平最高。

6. PCR 实验室原则上可分为五个独立的工作区域，即试剂配制和贮存区、样本制备区、PCR 反应配制区、扩增区、扩增产物分析区。

7. 危险化学品具有易制毒、易制爆、易燃、腐蚀性、剧毒等性质，在采购、保管和使用过程中，必须严格按照有关规定处理。

能力测验

一、选择题

1. 日本下村修、美国沙尔菲和钱永健在发现绿色荧光蛋白（GFP）等研究方面做出突出贡献，获得 2008 年度诺贝尔化学奖。GFP 在紫外光的照射下会发出绿色荧光，依据 GFP 的特性，你认为该蛋白在生物工程中的应用价值是（　　　）。

    A. 作为标签蛋白，研究细胞的转移

    B. 作为标记基因，研究基因控制蛋白质的合成

    C. 注入肌肉细胞，繁殖发光小白鼠

    D. 标记噬菌体外壳，示踪 DNA 路径

    2. 分子生物学狭义概念：即将分子生物学的范畴偏重于（　　　）的分子生物学，主要研究基因或 DNA 结构与功能、复制、转录、表达和调节控制等过程。其中也涉及与这些过程相关的蛋白质和酶的结构与功能的研究。

    A. 细胞

    B. 蛋白质

    C. 酶

    D. 核酸

二、判断题

    1. DNA 的复制、转录和翻译方面研究的重点是 DNA 或基因怎样在各种相关的酶与蛋白质因子的作用下，按照中心法则进行自我复制、转录和翻译，以及对 mRNA 分子剪接、加工、编辑和对新生多肽链折叠成为功能结构的研究。

    2. 现代分子生物学的研究几乎都是围绕核酸和蛋白质进行的。

    3. 1993 年，美国科学家 Mullis 众望所归地获得了诺贝尔化学奖，他所取得的成就是发明了 PCR 技术。

三、简答题

狭义分子生物学的研究内容有哪些？

模块一

核酸分离纯化技术

知识目标

1. 掌握 DNA 提取的基本原则和 CTAB 法提取基因组 DNA 的基本原理。
2. 掌握电泳检测 DNA 的基本原理和方法。
3. 掌握 RNA 的种类，RNA 提取的基本原理和方法。
4. 掌握质粒 DNA 的特点，质粒提取的基本原理和方法。

技能目标

1. 学会利用 CTAB 法提取植物基因组 DNA。
2. 学会利用 Trizol 法提取植物总 RNA。
3. 学会利用碱裂解法提取细菌质粒 DNA。

思政素养目标

1. 树立保护生物多样性就是保护基因资源的意识，保护国家基因资源，维护国家基因安全。
2. 核酸分离纯化涉及到繁琐的实验步骤以及防断裂、防污染、防降解等实验原则，借此培养规范、严谨的实验素养，树立精益求精的工匠精神。

核酸是由许多核苷酸聚合成的生物大分子化合物，为生命的基本物质之一，广泛存在于所有动植物细胞、微生物体内。不同的核酸，其化学组成、核苷酸排列顺序等不同。根据化学组成不同，核酸可分为脱氧核糖核酸（简称 DNA）和核糖核酸（简称 RNA）两大类。DNA 携带遗传信息，大部分 DNA 存在于细胞核（或拟核）中，指导蛋白质的合成，在生物体的遗传、变异中具有极其重要的作用；质粒 DNA 是存在于染色体（或拟核）以外的 DNA 分子，在细菌、酵母菌和放线菌等微生物中广泛存在，不是生物体生长繁殖所必需的物质，但其携带的遗传信息能赋予宿主菌某些生物学性状，有利于细菌在特定的环境条件下生存，细菌质粒是重组 DNA 技术中常用的载体；RNA 只在 RNA 病毒中作为遗传物质。在其他生物体中，四类RNA在DNA控制蛋白质合成过程中起作用，mRNA是蛋白质是合成的直接模板，tRNA能携带特定氨基酸，rRNA是核糖体的组成成分，核酶是一类特殊的具有催化活性的RNA，能够切割RNA、切割DNA，有些还具有RNA连接酶、磷酸酶等活性。本模块分为3个项目，基因组DNA的提取与纯化、RNA的提取与纯化、质粒的提取与纯化，分别描述三类核酸的结构、性质及提取方法。

项目一
基因组DNA的提取与纯化

基因组是指一个细胞（核）中的全部DNA，包括所有的基因和基因间隔区。近年来，植物分子生物学和植物分子遗传学研究领域十分活跃，成果丰硕，使对不同植物的基因组进行全面分析成为可能。在后植物基因组科学时代，可望解决的课题主要有：随着各植物基因组分析的开展和完善，并通过对它们的比较研究，可以从基因组层面更好地理解生物多样性和物种进化；借助于对不同植物基因文库的比较，从中可以找出某一物种所特有的基因构件，发现全新基因，探明新型基因表达调控机制，实现目的基因工程植株的创建、生物制药及工业用生物催化剂的生产和应用等。在分子生物学及信息处理科学大量革新技术的支持下，以人类基因组课题为代表的、对基因组全貌和功能进行分析的一大批研究课题正在全面展开。要完成上述课题，就需要抓紧建立一套完善的基因组科学理论体系。其中基因组DNA的提取是植物分子生物学研究的基础技术，得到满足自己研究要求的高质量的基因组DNA也是后续基因组研究的前提条件。本项目的目标是培养学生熟练运用CTAB法提取植物基因组DNA，并进行定性定量检测。

必备知识

一、DNA的结构

DNA是由成千上万个脱氧核糖核苷酸缩合而成的大分子，它的一级结构是它的构件组成及排列顺序，即碱基序列。在DNA分子中，相邻核苷酸以3′，5′-磷酸二酯键连接构成长链，前一个核苷酸的 3′-羟基与后一个核苷酸的 5′-磷酸结合。链中磷酸与糖交替排列构成脱氧核糖磷酸骨架，链的一端有自由的 5′-磷酸基，称为 5′端；另一端有自由的 3′-羟基，称为 3′端。RNA 的一级结构也是如此，只是戊糖换成了核糖，见图 1-1。在 DNA 中，磷酸核糖骨架并无区别，所以遗传信息是由碱基的特定序列携带着。各种基因组测序也是测定碱基序列。

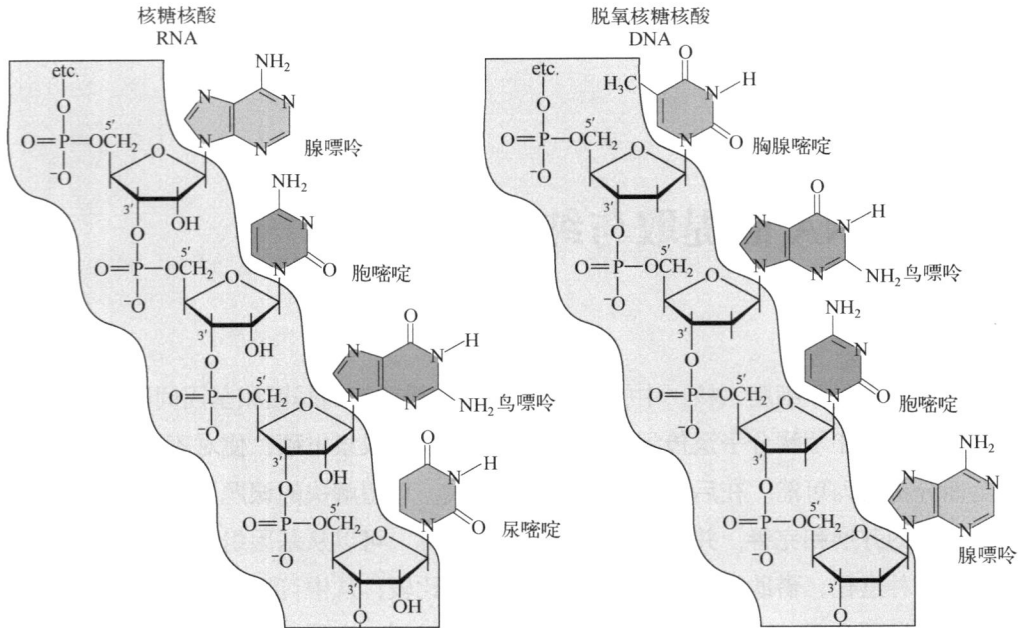

图 1-1 DNA 的一级结构

    DNA 的二级结构指的是 DNA 的螺旋构象。DNA 主要以 B 型双螺旋结构存在，即 1953 年 Watson 和 Crick 提出的双螺旋模型。DNA 双螺旋是由两条反向、平行、互补的 DNA 链构成的右手双螺旋。两条链的脱氧核糖磷酸骨架反向、平行地按右手螺旋走向，绕一个共同的轴盘旋在双螺旋的外侧，两条链的碱基一一对应互补配对（互为互补链），集中地平行排列在双螺旋的中央，碱基平面与轴垂直。双螺旋外径 2 nm，螺距 3.4 nm，每 10 对碱基上升一圈。因此每对碱基距离 0.34 nm，夹角 36°。其实这是 DNA 的平均特征，实际上由于碱基序列的影响，在局部会有所差异。如两个核苷酸之间的夹角可以从 28°到 42°不等，互补配对的碱基之间也有一定夹角，称为螺旋桨状扭曲。如果精确计算，螺旋的一圈实际含有 10.4 个碱基对。有两种作用力稳定双螺旋的结构。在水平方向是配对碱基之间的氢键，A=T 对形成两个氢键，G≡C 对形成三个氢键，见图 1-2。这些氢键是克服两条链间磷酸基团的斥力，使两条链互相结合的主要作用力。在垂直方向，是碱基对平面间的堆积力。堆积力是疏水力与范德瓦尔斯力的共同体现。氢键与堆积力两者本身都是一种协同性相互作用，两者之间也有协同作用。脱氧核糖磷酸骨架并未将碱基对完全包围起来，在双螺旋表面有两个与双螺旋走向一致的沟，一个较深较宽，称为大沟；一个较窄较浅，称为小沟。大沟一侧暴露出嘌呤的 C6、N7 和嘧啶的 C4、C5 及其取代基团；小沟一侧暴露出嘌呤的 C2 和嘧啶的 C2 及其取代基团。因此从两个沟可以辨认碱基对的结构特征，各种酶和蛋白因子可以识别 DNA 的特征序列。

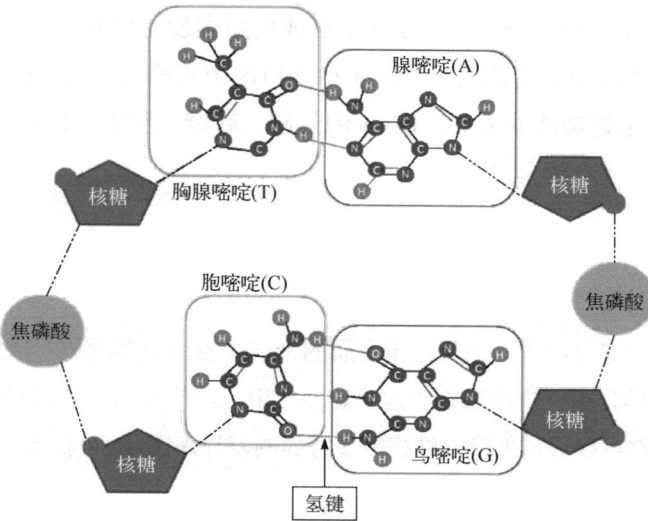

图 1-2　DNA 碱基互补配对

如果把双螺旋 DNA 看作一根绳子，再将其进一步扭曲，就称为超螺旋，即螺旋上的螺旋，DNA 的超螺旋结构层次见图 1-3。超螺旋就是 DNA 的三级结构，具体情况取决于

图 1-3　染色体 DNA 的超螺旋结构层次

二级结构。B-DNA 以每 10 个碱基一圈盘绕时能量最低，处于伸展状态；当盘绕过多或不足时，就会出现张力，形成超螺旋。盘绕过多时形成正（右手）超螺旋，盘绕不足时为负（左手）超螺旋。因为超螺旋是在双螺旋的张力下形成的，所以只有双链闭合环状 DNA 和两端固定的线性 DNA 才能形成超螺旋，有切口的 DNA 不能形成超螺旋。无论是真核生物的双链线形 DNA，还是原核生物的双链环形 DNA，在体内都以负超螺旋的形式存在，密度一般为 100～200 bp 一圈。DNA 形成负超螺旋是结构与功能的需要。在细胞内 DNA 的高级结构是动态变化的，通过多种蛋白因子和酶的作用，改变 DNA 的二级结构和三级结构，是生物功能的需要。DNA 的复制、转录、重组、修复，都伴随着其高级结构的变化。

课堂活动

核酸是基本的遗传物质，而且在蛋白质的合成中占有重要地位，因此它在生物体的生长、遗传、变异等重大生命现象中起决定性作用。遗传基因完全相同的同卵双胞胎在长大后，人们依然可以通过外形、性格等多方面的差异来区分他们。这是为什么？

二、DNA 的理化性质

DNA 是聚合物，溶于水，不溶于乙醇、乙醚和氯仿等一般有机溶剂，DNA 核蛋白体可溶于高浓度的 NaCl 溶液。DNA 溶液为高分子溶液，具有很高的黏度，可被甲基绿染成绿色。DNA 对紫外线（260 nm）有吸收作用，利用这一特性，可以对 DNA 含量进行测定。在某些理化因素作用下，DNA 双链解开成两条单链的过程，其本质是 DNA 双链碱基间的氢键断裂，双螺旋结构解开也称为 DNA 的解螺旋。当核酸变性后，最主要的特性是吸光度（OD_{260}）升高，称为增色效应；当变性核酸重新复性时，吸光度又会恢复到原来的水平。变性后的核酸其黏度会下降，生物活性也会丧失，较高温度、有机溶剂、酸碱试剂、尿素、酰胺等都可以引起 DNA 分子变性。

三、DNA 的提取与鉴定保存

1. DNA 提取的基本原则

DNA 是遗传信息的载体，是重要的生物信息分子。为了进行测序、杂交和基因表达，获得高分子量和高纯度的 DNA 是非常重要的前提。整个 DNA 的提取需遵循以下原则：

① 尽量避免 DNA 降解，保持 DNA 一级结构的完整性；

② 尽量排除蛋白质、脂类、多糖、RNA 等其他生物分子的污染，保证 DNA 的纯度；

③ 尽量排除有机溶剂、金属离子及其他可能对聚合酶有抑制作用的物质，以免影响后续 PCR 的扩增效率；

④ 尽量选择低毒甚至安全无毒的试剂和节省时间及经济成本的 DNA 提取方案。

近年来，有关 DNA 提取和纯化的试剂盒不断涌现，DNA 的分离与纯化方法也不断更新，大大提高了实验效率。

2. 基因组 DNA 的提取

（1）DNA 的提取方法

目前，常用的 DNA 提取方法包括苯酚氯仿抽提法、离心柱法和磁珠法等，这些方法各有优缺点。苯酚氯仿抽提法需要频繁使用有毒试剂，容易带来安全问题，且提取过程繁琐、提取效率低。离心柱法采用硅基质材料在一定的高盐缓冲体系下高效、专一地吸附 DNA，虽然提取的纯度较高，但通过吸附再溶解的反复操作，容易造成 DNA 损失，影响后续的分析检测。磁珠法为依靠纳米新材料吸附 DNA 的新型提取方法，具有试剂安全用量少、DNA 分子结构完整等优点，但提取的 DNA 质量与磁珠的质量密切相关，磁珠本身的造价较高，使得磁珠法的提取成本高于传统提取方法。

有关植物基因组 DNA 提取方法的研究报道很多，但从提取原理上分类，主要有 CTAB 法和 SDS 法。CTAB 法是最经典的植物 DNA 提取方法。CTAB（十六烷基三乙基溴化铵）是一种去污剂，可破坏细胞膜并能与核酸形成复合物，该复合物在高盐溶液中可溶，CTAB 法通过降低溶液盐浓度，使复合物从溶液中沉淀，然后通过离心将沉淀与蛋白质、多糖类物质分开，再将其溶解于高盐溶液中，并加入乙醇使核酸沉淀。SDS（十二烷基硫酸钠）是一种阴离子去垢剂，在高温条件下能裂解细胞，使染色体离析、蛋白质变性，同时 SDS 与蛋白质和多糖结合成复合物，释放出核酸；提高盐浓度并降低温度，使 SDS-蛋白质复合物的溶解度变得更小，从而使蛋白质及多糖杂质沉淀更加完全，离心后除去沉淀；上清液中的 DNA 用酚/氯仿抽提，反复抽提后用乙醇沉淀水相中的 DNA。与 SDS 法相比，CTAB 法的最大优点是通过高盐缓冲液的选择性沉淀能很好地去除糖类杂质，对于含糖较高的材料比较合适。

DNA 提取的基本步骤包括材料的准备、破碎细胞和细胞膜释放其内容物、分离纯化 DNA、沉淀并洗涤 DNA、溶解保存 DNA。植物基因组 DNA 具体提取流程见图 1-4。

基因组 DNA 提取最好使用新鲜的动植物组织，低温保存的材料切勿反复冻融，组织培养细胞培养时间不能过长，否则会造成 DNA 降解。组织材料量的选取应合适，过多的材料反而会影响细胞的裂解，导致提取的 DNA 量少、纯度低。植物幼嫩组织一般采用液氮研磨的方式破碎细胞。

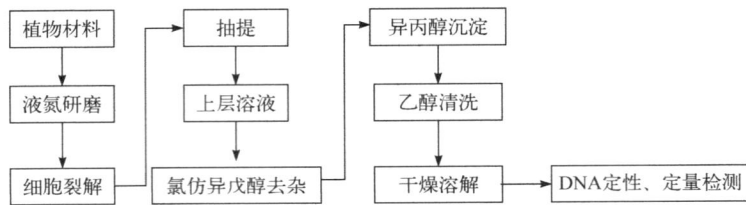

图 1-4　CTAB 法抽提植物基因组 DNA 流程图

（2）DNA 的纯化

DNA 提取后的纯化过程是很重要的一个环节，DNA 的纯度直接决定该 DNA 是否可以用于后续实验中，去杂主要包括蛋白质、多糖、多酚、盐离子、RNA 的去除。蛋白质的去除可以采用酚/氯仿抽提、使用变性剂变性、高盐洗涤和蛋白酶处理等方法，其中应用最为广泛的是酚/氯仿抽提；多糖的去除可以采用高盐、多糖酶及一定量的氯苯；多酚的去除主要是加入一些防止酚类氧化的试剂（β-巯基乙醇、抗坏血酸等）和易于酚类结合的试剂（聚乙二醇），防止酚类与 DNA 结合；盐离子的去除用 70%乙醇洗涤即可；RNA 的去除则可适量添加 RNA 酶。

（3）基因组 DNA 提取的常见问题

① DNA 样品不纯，抑制后续酶解和 PCR 反应　DNA 纯度不够的主要原因是植物细胞本身存在的蛋白质、多酚、多糖、RNA 等没有去除干净，或者是在 DNA 提取过程中使用的试剂残留，比如酒精、金属离子都会影响后续酶解反应。解决的办法是重新纯化 DNA，针对不同的杂质选择不同的纯化对策，可以通过吸附柱去除蛋白质、多糖、多酚等杂质，重新沉淀 DNA 让酒精充分挥发，加入 RNA 酶降解 RNA，增加 70%乙醇的洗涤次数等。

② DNA 分子降解，出现不完整的 DNA 分子　DNA 分子降解的原因有很多，一是材料本身不新鲜或是反复冻融，其中的 DNA 大部分降解。二是 DNA 抽提过程时间太长或是振荡过于剧烈，DNA 分子机械断裂。三是内源或外源 DNA 酶导致 DNA 降解。解决的办法包括尽量选用新鲜材料，如遇特殊情况需要低温保存则避免反复冻融，液氮研磨后需要解冻前加入抽提液，抽提后的 DNA 低温保存也应避免反复冻融。细胞裂解后的后续操作尽量轻柔，内源 DNA 酶丰富的材料应增加裂解液中螯合剂（EDTA）的含量，所有试剂和耗材尽量做到高温灭菌。

③ DNA 量少，浓度达不到后续实验要求　DNA 浓度不够的原因可能是实验材料不佳或量不足，或是材料用量太多使得细胞破碎不充分。DNA 沉淀不完全或是在洗涤的过程中导致 DNA 丢失。以上问题可以通过有效控制实验材料的量、增加吸附时间、低温条件下沉淀、洗涤时动作小心等方式解决。

3. DNA 的质量鉴定

（1）定性检测——电泳法

① 电泳定性检测 DNA 分子的原理　在直流电场中，带电粒子向与之带电荷相反的电极移动的现象称为电泳。核酸电泳通常在琼脂糖凝胶或聚丙烯酰胺凝胶中进行，浓度不同的琼脂糖和聚丙烯酰胺可形成分子筛网孔大小不同的凝胶，可用于分离不同分子量的核酸片段。琼脂糖是一种从红色海藻产物——琼脂中提取出来的线性多糖聚合物。当琼脂糖加热到沸点后，冷却凝固便会形成良好的电泳介质，其密度由琼脂糖的浓度决定。凝胶的分辨能力与凝胶的类型和浓度有关，琼脂糖凝胶孔径大，分离范围就大，分离 DNA 片段的范围为 0.2～50 kb；凝胶浓度高低影响凝胶介质的孔隙大小，浓度越高，孔隙越小，其分辨能力就越强；反之，浓度降低，孔隙增大，其分辨能力随之减弱。琼脂糖凝胶约可区分相差 100 bp 的 DNA 片段，且制备容易，应用广泛，可根据具体的实验对象选择适当的琼脂糖浓度（表 1-1）。

表 1-1　不同浓度琼脂糖凝胶分离 DNA 的范围

琼脂糖浓度/%	DNA 分离范围/kb	应用范围
0.5	1～30	未消化的基因组 DNA
0.8	0.8～12	消化的基因组 DNA
1.0	0.5～10	质粒 DNA
1.2	0.4～7	PCR 产物和质粒 DNA
1.5	0.2～3	PCR 产物
2.0	0.1～1.5	PCR 产物

生物大分子如蛋白质、核酸、多糖等大多都有阳离子和阴离子基团，称为两性离子。常以颗粒分散在溶液中，它们的静电荷取决于介质的 H^+ 浓度或与其他大分子的相互作用。在电场中，会向与之带电荷相反的一极迁移。在一定的电场强度下，带电颗粒单位时间内在介质中的迁移距离称为迁移率，可以用以下公式计算：$m=v/E=(d/t)/(U/L)=dl/Ut$，式中，m 为迁移率[$cm^2/(V \cdot s)$]；v 为泳动速度（cm/s）；E 为电场强度（V/cm）；d 为泳动距离 cm；t 为电泳时间 s；l 为支持物长度 cm。

DNA 分子在琼脂糖凝胶中泳动时有电荷效应和分子筛效应。在高于等电点的 pH 溶液中 DNA 分子带负电（DNA 分子的等电点比较小，为 4～4.5，因此在大多数情况下带负电），在电场中向正极移动。由于糖-磷酸骨架在结构上的重复性质，相同数量的双链 DNA 分子几乎具有等量的净电荷，因此通常以同样的速率向正极方向移动。除了净电荷，DNA 分子的迁移速率还取决于分子筛效应，即 DNA 分子本身的大小和构型，DNA 分子的迁移速率与其分子量的对数值成反比关系，因此具有不同分子量的 DNA 片段可有效分离。此外，凝胶电泳还可以分离分子量相同，但构型不同的 DNA 分子。比如同样分子量的质粒，超螺旋共价闭合环状质粒 DNA 迁移最快；其次为线状质粒 DNA，即共价闭合环状质粒 DNA 两条链发生断裂；最慢的为开环质粒 DNA，即共价闭合环状质粒 DNA 一条链断裂。

② 影响迁移率的因素

a. 样品的物理性状　影响迁移率的首要因素是电泳样品的物理性状。包括分子量大小、电荷多少、颗粒形状和空间构型。一般来说颗粒带电荷的密度愈大，迁移率愈大，颗粒物理形状愈大，与支持物介质摩擦力愈大，迁移率愈小。即迁移率与颗粒的分子量大小，介质黏度成反比，与颗粒所带电荷成正比。

在检测未知 DNA 分子量时，DNA 分子的空间构型不同，即使相同的分子量其迁移率也不相同。如质粒 DNA 存在闭环（Ⅰ型，CC）、单链开环（Ⅱ型，OC）和线型（Ⅲ型，L）三类，三者之间的迁移率一般Ⅰ型＞Ⅲ型＞Ⅱ型，但有时也会出现相反的情况。因为还与其他因素如琼脂糖浓度、电场强度、离子强度等有关。

b. 支持物介质　DNA 的凝胶电泳常使用两种支持材料：琼脂糖和聚丙烯酰胺凝胶。通过这两种介质的浓度变化调整所形成凝胶的分子筛网孔大小，分离不同分子量的核酸片段。琼脂糖凝胶可以分离长度为 100 bp 至近 60 kb 的 DNA 分子；聚丙烯酰胺凝胶可分离小片段（5～500 bp）DNA。

c. 电场强度　电泳场两极间支持物单位长度的电压差即为电场强度或电压梯度。电场强度愈大，带电颗粒的泳动速度愈快，但凝胶的有效分离范围随电压的增大而减小。

d. 缓冲液离子强度　琼脂糖凝胶电泳常采用 Tris-醋酸（TAE）、Tris-硼酸（TBE）、Tris-磷酸（TPE）3 种缓冲液体系。TAE 缓冲能力很低，长时间电泳会导致电泳阴极变为碱性，阳极变为酸性，使缓冲能力丧失。TBE 与 TPE 均有较高的缓冲能力，但 TPE 凝胶回收的 DNA 片段含有较高的磷酸盐，易与 DNA 一起沉淀，而影响一些酶促反应。缓冲液 pH 直接影响 DNA 解离程度和电荷密度，缓冲液 pH 与 DNA 样品的等电点相距愈远，样品所携带电荷量愈多，泳动速度愈快。电泳的最适离子强度一般在 0.02～0.2 之间。

③ 电泳的类型　按载体介质可分为无介质的自由溶液电泳和有支持介质的电泳；按支持物形状可划分为 U 形管电泳、柱状电泳、板状电泳和毛细管电泳等；按原理不同可划分为等速电泳、免疫电泳、SDS-聚丙烯酰胺凝胶电泳、梯度胶聚丙烯酰胺凝胶电泳、等电聚焦电泳等；按电泳形式可划分为单向电泳、双向电泳、电泳和层析相结合等。

④ 凝胶电泳的指示剂　电泳过程中，常使用一种有颜色的标记物以指示样品的迁移过程。核酸电泳常用的指示剂是溴酚蓝，在碱性条件下呈蓝紫色。溴酚蓝的分子量为 670，在不同浓度的凝胶中，迁移速度基本相同，它的分子筛效应小，故被普遍用作指示剂。在

0.6%、1%、2%的琼脂糖凝胶电泳中，溴酚蓝的迁移率分别与 1 kb、0.6 kb 和 0.15 kb 的双链线性 DNA 片段大致相同。指示剂一般加在电泳上样缓冲液中，为了能使样品沉入胶孔，还要适量加入蔗糖、聚蔗糖或甘油以增加比重。

⑤ 染色剂　电泳后，核酸需经过染色才能显示带型，最常使用的是溴乙锭染色法和其他荧光染料染色法。溴乙锭（EB）为芳香族荧光化合物，是一种高度灵敏的嵌入性荧光染色剂，用于观察琼脂糖和聚丙烯酰胺凝胶中的核酸；是一种核酸染料，常在琼脂糖凝胶电泳中用于核酸染色；是一种强的诱变剂，可能也是一种致癌物或致畸剂。这种扁平分子可以嵌入核酸双链的配对碱基之间，在紫外线激发下，与核酸结合的溴乙锭可被激发出橙红色荧光。在与 DNA 或双股 RNA 结合时，荧光强度会增强 20 倍，使得可以根据核酸电泳后的胶片辨识核酸的相对位置。在核酸分子中，EB 分子插入两层碱基对之间，发出红色荧光。在凝胶中加入终浓度为 0.5 μg/mL 的 EB，可以在电泳过程中随时观察核酸的迁移情况，这种方法适用于一般性的核酸检测。

EB 作为核酸染料在 DNA 及 RNA 电泳中有着条带边缘清晰，背景着色低，灵敏度高的优点，可以检测出 1～10 ng 的样本，RNA 及单链 DNA 因多存在自身配对双链区，故 EB 掺入量较小，荧光亮度较低，最低检测量为 0.1 μg。EB 可反复使用、重复性高，在平时实验中发现，EB 胶反复使用 4 次，染色效果还能得到保证。但其有一个致命的缺点就是 EB 可诱发突变，具有潜在致癌性，且具有中等毒性，可能对操作人员造成危害和对环境造成污染。针对 EB 毒性高、易分解、不易保存等缺点，可改用低毒性的其他材料来替代 EB（例如，SYBR-Green、GoldView、GelRed 等），以减少在实验室里可能发生的危险。

核酸凝胶电泳结果可用于判断核酸的完整性。基因组 DNA 的分子量很大，在电场中泳动速度较慢，如果有降解的小分子 DNA 片段，可以在电泳图上分辨出来。

（2）DNA 的定量分析——紫外分光光度法

组成核酸分子的碱基，均具有一定的吸收紫外线的特性，最大吸收值在波长为 250～270 nm 之间。核酸的最大吸收波长是 260 nm，这个物理特性为测定核酸溶液浓度提供了基础。在波长 260 nm 紫外线下，1OD 值的光密度相当于 50 μg/mL 的双链 DNA 和 40 μg/mL 单链 DNA 或 RNA。可依据此来计算核酸样品的浓度。

分光光度法不但能确定核酸的浓度，还可通过测定在 260 nm 和 280 nm 的紫外线吸收值的比值（OD_{260}/ OD_{280}）估计核酸的纯度。纯 DNA 的比值为 1.8，纯 RNA 的比值为 2.0。若比值高于 1.8，说明样品中可能混有 RNA，或在抽提过程中 DNA 部分降解；若比值低于 1.8，说明样品中可能存在蛋白质、酚等杂质。当然也会出现既含蛋白质又含 RNA 的 DNA 溶液比值为 1.8 的情况，所以有必要结合凝胶电泳等方法鉴定有无 RNA，或用测定蛋白质的方法检测是否存在蛋白质。用 Nanodrop2000（或更新的产品）可测定 DNA 的浓度及 OD 值，OD_{260}/OD_{280} 的值在 1.8～2.0，OD_{260}/OD_{230} 的值在 1.8～2.2，说明提取到的 DNA 质量较好。紫外分光光度法只用于测定浓度大于 0.25 μg/mL 的核酸溶液。对于浓度很低的核酸溶液可采用荧光光度法。

4. DNA 的保存

一周内使用的 DNA 放入 4℃ 冰箱保存即可，若需长期存放最好放入 –20℃ 冰箱保存。反复冻融会使 DNA 完整性受损。未纯化的 PCR 产物可存放于 –20℃ 冰箱一周内使用完毕，纯化后可以干粉状态于 –20℃ 保存几个月，若溶于 Tris 溶液可于 –20℃ 保存 1～2 个月。

技能训练

实训 1　玉米基因组 DNA 的分离与纯化

任务目的

1. 掌握 DNA 提取的方法和注意事项。

2. 能够利用紫外分光光度计检测 DNA 的浓度和纯度。

任务描述

我国转基因生物监管部门需要对抽样地点的玉米品种是否含有转基因成分进行检测。作为检测人员，此次的主要任务首先是提取玉米样品中的基因组 DNA。3 个阶段性任务分别是试剂的配制、植物基因组 DNA 的提取和 DNA 的定量检测，要求得到高质量的电泳图片和高浓度的 DNA 溶液。

任务准备

1. 器材

离心机、涡旋振荡器、恒温水浴锅等。

2. 试剂

① 试剂：十六烷基三甲基溴化铵（CTAB）、三羟甲基氨基甲烷（Tris）、浓盐酸、乙二胺四乙酸二钠盐（EDTA-Na₂）、氯化钠（NaCl）、聚乙烯吡咯烷酮（PVP40）、β-巯基乙醇、无水乙醇、三氯甲烷、乙醇、异戊醇、异丙醇、灭菌双蒸水、RNA 酶（可选）。

② CTAB 提取缓冲液（pH 8.0）：称取 4.0 g CTAB、16.38 g NaCl、2.42 g Tris、1.5 g EDTA-Na₂、4.0 g PVP-40，用适量水溶解后，调节 pH，定容至 200 mL，高压灭菌。临用前按使用量加入 β-巯基乙醇，使终浓度为 2%。

③ TE 缓冲液（pH 8.0）：称取 1.211 g Tris、0.372 g EDTA-Na₂，于 800 mL 加热的蒸

馏水中搅拌溶解，用盐酸调 pH 至 8.0，再用蒸馏水定容至 1000 mL，高压灭菌 20 min。

④ 三氯甲烷-异戊醇：24∶1（体积比），置棕色瓶中，4℃保存。

任务实施

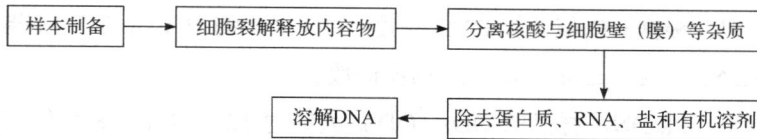

1. DNA 的提取

① 在 65℃水浴中预热 CTAB 提取液。

② 在液氮中将 2～3 g 新鲜或–20℃冷冻的样品材料研磨成细粉，称取 100 mg 研碎的粉末倒入 2 mL 离心管。

③ 迅速加入 CTAB 提取液 700 μL，混匀，65℃温育 30 min，期间颠倒混匀离心管 2～3 次。

④ 加入 700 μL 三氯甲烷-异戊醇，涡旋振荡混匀后放置 10 min，期间颠倒混匀离心管 2～3 次；12000 g 离心 5 min。

⑤ 转移上清液至 1.5 mL 离心管中，加入 0.6 倍体积经 4℃预冷的异丙醇，于–20℃下静置 5 min，12000 g 离心 5 min，小心弃去上清液。

⑥ 加入 70%乙醇 1000 μL，倾斜离心管，轻轻转动数圈后，4℃下 8000 g 离心 1 min，小心弃去上清液；加 20 μL RNase A 酶（10 μg/mL），37℃温育 30 min。

⑦ 加入 600 μL 氯化钠溶液，65℃温育 10 min。加入 600 μL 的三氯甲烷-Tris 饱和酚，颠倒混匀后，12000 g 离心 5 min，转移上层水相至 1.5 mL 离心管中。

⑧ 加入 0.6 倍体积经 4℃预冷的异丙醇，颠倒混匀后，于 4℃下静置 30 min；4℃下 12000 g 离心 10 min，小心弃去上清液。

⑨ 加入 1000 μL 经 4℃预冷的 70%乙醇，倾斜离心管，轻轻转动数圈后，4℃下 12000 g 离心 10 min，小心弃去上清液；用经 4℃预冷的 70%乙醇按相同方法重复洗一次（这一步可能产生可见的絮状长链 DNA，或者是云雾状的 DNA，如果看不到 DNA，样品则可以在 –20℃放置 10～30 min 甚至过夜以沉淀 DNA）。

如果呈可见的絮状 DNA，可用枪头挑起，转移至新离心管中或用枪头固定絮状沉淀，剩余液体倒入废液缸。如果 DNA 呈云雾状或者少量散开的 DNA，可在 2000 r/min 离心 1～2 min，小心倒掉上清液，留下沉淀。吸干乙醇，将含有 DNA 的离心管室温下或核酸真空干燥系统中挥发干液体（注意：DNA 放在离心管壁下部 0.5 mL 以下的位置以保证 DNA 被完全溶解）。

⑩ 加 50 μL TE 缓冲液或灭菌双蒸水溶解 DNA，4℃或–20℃保存备用。

2. DNA 的紫外分光光度法定量检测

① 取少量待测 DNA 样品，用 TE 或蒸馏水稀释 50～100 倍。

② 用 TE 或蒸馏水做空白对照，在 260 nm、280 nm 处调节紫外分光光度计的读数至零。

③ 加入待测 DNA 样品，在 2 个波长处读取 OD 值。

④ 浓度计算：根据 OD 值计算 DNA 浓度，$OD_{260}=1$ 约为 50 μg/mL 双链 DNA。所以，dsDNA（双链 DNA）$=50$ μg/mL $\times OD_{260} \times$ 稀释倍数。

⑤ 纯度分析：纯 DNA 样品的 OD_{260}/OD_{280} 大约为 1.8，高于 1.8 可能有 RNA 污染，低于 1.8 有蛋白质或苯酚等污染。

注意事项

① 处理有机物时应在通风橱内进行。

② 提取的 DNA 的质量由它的长度和纯度决定。DNA 分子链很长，是双螺旋结构，既有一定的柔性，又有一定的刚性，强机械作用如剧烈搅拌会令 DNA 分子断裂，不利于收集，故在抽提时所有操作均须温和，避免剧烈振荡。核酸的结构在 pH 4.0～11.0 间较稳定，pH 在此范围外就会使核酸变性降解，所用试剂避免过酸或过碱。

③ 多糖、蛋白质及木本植物中的酚类物质是植物 DNA 抽提中的主要污染物。如果食材不新鲜、多糖含量高，在提取缓冲液中应提高 β-巯基乙醇的用量，且在用三氯甲烷–异戊醇抽提之前先用酚∶氯仿∶异戊醇抽提一遍，这样去除蛋白质较为彻底。

④ 转移上清液时注意不要吸到沉淀、漂浮物和液面分界层。

⑤ 所得 DNA 应为无色或灰白色，若呈褐色则有多酚类物质污染；对多糖含量高的材料，提取液中 CTAB 的浓度可增至 3%或更高。

> **知识链接** 哺乳动物基因组 DNA 提取的常用材料

哺乳动物的一切有核细胞都可以用来制备 DNA（RNA），除特殊要求外，肝或脾组织是最常用的材料。当原始材料较少或较难获得时，如羊水细胞还必须经过细胞培养来获得足够量的细胞，有时为了简便易行起见，还可以无创地采集材料，如口腔上皮脱落细胞、发根细胞。根据材料来源的不同，采取不同的材料处理方法。

（1）全血：用含抗凝剂的采血管采集人外周静脉血 5 mL。柠檬酸、EDTA、肝素 3 种抗凝剂均可使用。但肝素对酶反应有可能起阻止作用，采血时如没有特殊要求，尽量使用柠檬酸或 EDTA 处理血样，一般不用肝素。加入抗凝剂混匀后 2～8℃保存一周；–20℃保存一个月；–70℃长期保存，尽可能保证样本不经过反复冻融。

（2）组织：组织必须取自活体动物或死后 1～2 min 内的动物。

手术切除的新鲜肿瘤组织标本最好保存于 50%乙醇中，具体作法是：先用生理盐水将组织洗一次，切成宽度小于 1 cm 的小片，加入适量的生理盐水，然后边摇边加入无水乙醇至终浓度为 50%，这样固定的组织标本室温下可保存数日，4℃可保存 6 年。此外，还可在标本离体后，迅速将其切成绿豆大小的小块，分装于冻存管内，放于–80℃冰箱或液氮中保存，尽可能避免暴露于室温中过长时间（在取组织时不仅要取肿瘤组织，一般还会取其癌旁组织和正常组织一起保存，以便在日后的实验中发挥对比作用）。

（3）培养细胞：用 0.25%的胰酶消化处于对数生长期的 A549 细胞，离心并收集细胞。

任务结果与评价

任务结束后，完成《学生技能训练手册》考评工单。

工作反思

1. CTAB 和 EDTA 的配制需要注意什么？
2. 如果实验样品研磨不充分会对实验结果有什么影响？

实训 2　琼脂糖凝胶电泳检测

任务目的

1. 掌握核酸电泳检测的基本原理。
2. 掌握核酸电泳检测操作技术。

原理

DNA 和 RNA 为多聚阴离子化合物。因此，当核酸分子被放置在电场中时，会向正极迁移。在一定的电场强度下，DNA 分子的迁移速度取决于核酸分子本身的大小和构型。一定浓度的琼脂糖凝胶所形成的分子筛具有一定的孔径。大分子 DNA 虽具有较高的带电量，但受到的空间位阻大，因此迁移速率慢；小分子 DNA 虽然带电量相对较小，但受到的空间位阻小，因此能较快地迁移到正极。因此，不同大小的 DNA 分子经过电泳，可分出不同的条带，再参照 DNA 分子量标准（Marker），从而达到有效分离、鉴定 DNA 的目的。

任务准备

1. 器材

琼脂糖凝胶电泳系统、紫外线透射仪、台式离心机、微波炉等。

2. 试剂

（1）50×TAE 缓冲液：24.2 g Tris，57.1 mL 冰醋酸，100 mL，0.5 mol/ L EDTA（pH8.0），加蒸馏水定容至 1000 mL。使用前需稀释至 1×。

（2）6×loading-buffer（缓冲液）：0.05%溴酚蓝、0.05%二甲苯腈蓝 FF、36%甘油、30 mmol/L EDTA。

（3）1%琼脂糖凝胶：1 g 琼脂糖+100 mL 1×TAE 溶液。

（4）核酸染料（GoldView）：10 mg/mL。

（5）DNA 分子量标准。

任务实施

准备琼脂糖凝胶电泳设备 → 凝胶制备 → 上样 → 电泳 → 观察拍照

制备 1%的琼脂糖凝胶，吸取提取的 DNA 溶液 5 μL 上样电泳检测，具体方法如下：

1. 制胶

将 1%琼脂糖凝胶加热熔化至清亮透明溶液。待胶液冷却到 60℃左右时加入 1 μL 核酸染料，轻轻混匀。

根据样品数量选择合适的制胶器和梳子，将具有所需齿数、厚度和数量的梳子插入制胶架的定位槽中，均匀倒入琼脂糖透明溶液轻轻混匀，室温静置至凝胶凝固。

2. 加样

取提取的基因组 DNA 5 μL，向其中加入少量 loading-buffer 进行染色。待凝胶凝固后轻轻从一侧开始拔掉梳子，将凝胶托盘从制胶器中取出，用微量移液枪把混匀的样品加入样品孔内，并记录加样的顺序，最后把凝胶放入电泳槽。

3. 电泳

加样完成后，盖好电泳槽上盖，电泳槽的电极端插入电泳仪的输出电压孔内，电泳槽电极的红、黑分别对应插入电泳仪的输出端的红、黑插孔之中，打开电泳仪，设置好实验参数后，按"输出\停止"按键，接通电源，开始电泳。当溴酚蓝显色染料移动到距凝胶前沿 1～2 cm 处，停止电泳。

4. 凝胶成像

打开电泳槽上盖，取出凝胶板和凝胶。将凝胶从塑料凝胶板上取下，放置于凝胶成像仪的照胶板上，设置照胶参数，完成照片采集并保存后，将凝胶从照胶板上取下，用一次性手套包裹丢至有害废物垃圾桶。

注意事项

① EB 是强致癌物（可用低毒或无毒核酸染料），接触时务必戴手套和口罩。凡是接触 EB 或凝胶的物品应经处理后再丢弃，注意区分污染区和非污染区。

② 琼脂糖粉要溶化充分，否则影响凝胶浓度。

③ 倒胶时速度不能过快，否则容易产生气泡。

④ 加样时吸头不宜插入样品孔太深，否则可能穿破胶孔壁造成样品渗漏。

⑤ 每次加完样需更换枪头，防止样品交叉污染。

⑥ 电源接通时，应核实凝胶放置方向是否正确。

⑦ 紫外线会损伤皮肤和视力，操作时应尽量避免与皮肤直接接触。

任务结果与评价

琼脂糖凝胶电泳检测植物基因组 DNA 片段（图 1-5），与标记相比，大小在 20～30 kb 之间，带型单一无拖尾现象，说明提取的 DNA 质量较高。

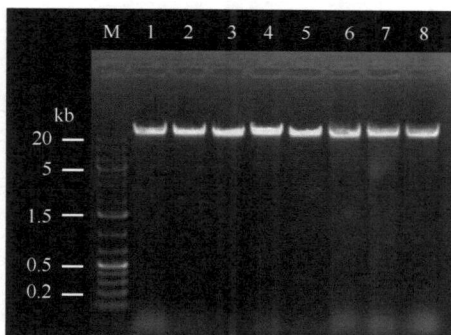

图 1-5　植物基因组 DNA 的提取及电泳图

任务结束后，完成《学生技能训练手册》考评工单。

工作反思

1. 选择琼脂糖凝胶浓度的依据是什么?

2. 如果 DNA 中混有 RNA，电泳结果会怎样?

3. 为何要把凝胶放在紫外透视仪下观察 DNA?

📋 知识小结

1. 核酸广泛存在于所有植物、动物、微生物细胞以及一些病毒中，是基本的遗传物质，常与蛋白质结合在一起，以核蛋白的形式存在。核酸分为脱氧核糖核酸（DNA）和核糖核酸（RNA）两大类。

2. 核酸分离纯化的原则：①尽量避免 DNA 降解，保持 DNA 结构的完整性；②DNA 纯化后不应存在对酶有抑制作用的物质；③排除有机溶剂和金属离子的污染；④蛋白质、脂类、多糖等杂质降低到最低程度；⑤排除 RNA 的污染。

3. 常用的 DNA 提取方法包括苯酚氯仿抽提法、离心柱法和磁珠法等，这些方法各有优缺点。

? 能力测验

一、选择题

1. 热变性的 DNA 分子在适当条件下可以复性，条件之一是（　　　）。

A. 骤然冷却

B. 缓慢冷却

C. 浓缩

D. 加入浓的无机盐

2. 在适宜的条件下，核酸分子两条链通过杂交作用可自行形成双螺旋，取决于（　　　）。

A. DNA 的 T_m

B. 序列的重复程度

C. 核酸链的长短

D. 碱基序列的互补

3. 核酸中核苷酸之间的连接方式是（　　　）。

A. 2′，5′-磷酸二酯键

B. 氢键

C. 3′，5′-磷酸二酯键

D. 糖苷键

二、简答题

1. 简述 DNA 双螺旋结构模型的要点。

2. 概述双螺旋 DNA 的生物学意义。

3. 什么是 DNA 变性？理化性质有何变化？

4. 简述琼脂糖凝胶电泳的原理。

项目二
RNA 的提取与纯化

在中心法则中，RNA 处于"C 位"，也一直是生命科学领域的研究热点，不同的 RNA 在生命的各个阶段各司其职。要对多样的 RNA 进行研究，首先需要将 RNA 提取出来，即使研究对象不是 RNA 本身，RNA 提取同样必不可少，例如克隆、基因表达分析、RNA 测序、cDNA 末端快速扩增（RACE），RNA 提取都是第一步，而且也是至关重要的一步，RNA 的质量好坏通常能够决定下游实验的成败。因此，提取出质优而且量足的 RNA 是试验成功的先决条件。本项目的目标是培养学生熟练运用 Trizol 法提取植物组织总 RNA，并进行定性定量检测。

必备知识

核糖核酸（ribonucleic acid，RNA）是存在于生物细胞以及部分病毒、类病毒中的遗传信息载体。RNA 是由核糖核苷酸经磷酸酯键缩合而成的长链状分子。一个核糖核苷酸分子由磷酸、核糖和碱基构成。RNA 的碱基主要有 4 种，即腺嘌呤（A）、鸟嘌呤（G）、胞嘧啶（C）、尿嘧啶（U），其中，U 取代了 DNA 中的 T（胸腺嘧啶）。

RNA 是以 DNA 的一条链为模板，以碱基互补配对原则，转录而形成的一条单链，主要功能是实现遗传信息在蛋白质上的表达，是遗传信息传递过程中的桥梁。

一、RNA 的结构

RNA 合成的前体是 4 种 5′-核苷三磷酸（NTP），即 ATP、GTP、CTP 和 UTP。每个 NTP 的核糖部分有两个羟基，各位于 2′和 3′碳原子上，见图 1-6。

聚合反应中，以 DNA 的一条链为模板，DNA 链上的 C、T、G、A 分别与 RNA 分子上的 G、A、C、U 配对，一个核苷酸的 3′-OH 基团与第二个核苷酸的 5′磷酸基团发生反应，释放焦磷酸，形成磷酸二酯键。

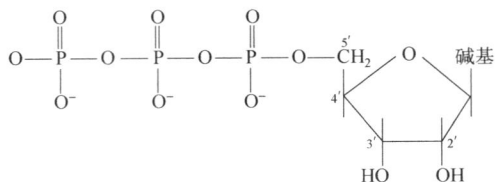

图 1-6 RNA 的结构

几乎每个 RNA 分子都有许多短的双螺旋区域，除了正规的 A-U 和 G-C 碱基对之外，结合较弱的 G-U 碱基对在形成 RNA 结构中也起作用。二级结构也在单链 RNA 中存在，如形成一条长的双螺旋结构等。

二、RNA 的种类

在细胞中，根据结构功能的不同，RNA 主要分 3 类，即 tRNA、rRNA 和 mRNA。除此之外，还有些其他 RNA，如小分子 RNA、miRNA、端体酶 RNA、反义 RNA 等，此处不做赘述。

1. 信使 RNA（mRNA）

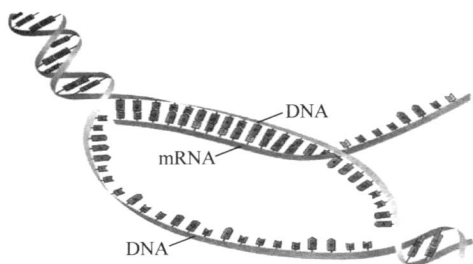

图 1-7　DNA 转录生成 mRNA

mRNA 是由 DNA 的一条链作为模板转录而来的、携带遗传信息的能指导蛋白质合成的一类单链核糖核酸。它的功能就是把 DNA 上的遗传信息精确无误地转录下来，然后再由 mRNA 的碱基顺序决定蛋白质的氨基酸顺序，完成基因表达过程中的遗传信息传递过程（图 1-7）。

原核生物与真核生物 mRNA 有不同的特点：

① 原核生物 mRNA 常以多顺反子的形式存在。真核生物 mRNA 一般以单顺反子的形式存在。

② 原核生物 mRNA 的转录与翻译一般是偶联的，真核生物转录的 mRNA 前体则需经转录后加工为成熟的 mRNA，与蛋白质结合生成信息体后才开始翻译。

③ 原核生物 mRNA 半衰期很短，一般为几分钟，最长只有数小时（RNA 噬菌体中的 RNA 除外）。真核生物 mRNA 的半衰期较长，如胚胎中的 mRNA 可达数日。

④ 原核与真核生物 mRNA 的结构特点也不同。

原核生物常以 AMG（有时 GMG，甚至 UMG）作为起始密码子，而且在起始密码子 AMG 上游有一被称为核糖体结合位点（ribosome binding site，RBS）或 SD 序列的保守区，因为该序列与 16S rRNA 3′端反向互补，所以被认为在核糖体-mRNA 的结合过程中起作用；原核生物 mRNA 的 5′端无帽子结构，3′端没有或只有较短的多聚（A）结构（图 1-8）。

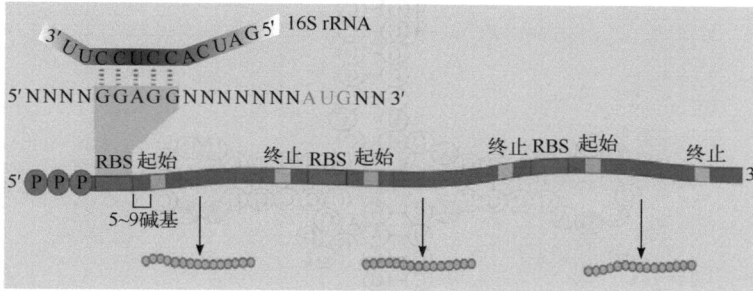

图 1-8　原核生物 mRNA 的结构模式

真核生物几乎永远以 AMG 作为起始密码子；另外，真核生物 mRNA 的 5′端存在帽子结构，且绝大多数具有多聚（A）尾巴（图 1-9）。

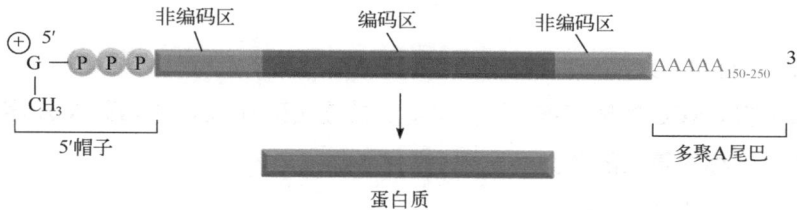

图 1-9　真核生物 mRNA 的结构模式

2. 转运 RNA（tRNA）

如果说 mRNA 是合成蛋白质的蓝图，那么核糖体就是合成蛋白质的工厂。但是，合成蛋白质的原材料——20 种氨基酸与 mRNA 的碱基之间缺乏特殊的亲和力。因此，必须用一种特殊的 RNA——转运 RNA（tRNA）把氨基酸搬运到核糖体上。

tRNA 是 mRNA 上遗传密码的识别者和氨基酸的转运者，是具有携带并转运氨基酸功能的一类核糖核酸，也是分子量最小的 RNA，分子量平均为 27000（25000～30000），由 70～90 个核苷酸组成，而且具有稀有碱基的特点。稀有碱基除假尿嘧啶核苷与次黄嘌呤核苷外，主要是甲基化了的嘌呤和嘧啶。这类稀有碱基一般是在转录后，经过特殊的修饰而成的。tRNA 能根据 mRNA 的遗传密码依次准确地将它携带的氨基酸连接起来形成多肽链。每种氨基酸可与 1～4 种 tRNA 相结合。

已知的 tRNA 的种类在 40 种以上。1969 年以来，科学家们研究了来自酵母菌、大肠杆菌、小麦、鼠等十几种生物的 tRNA 结构，证明它们的碱基序列都能折叠成三叶草形二级结构（图 1-10），而且都具有如下的共性：

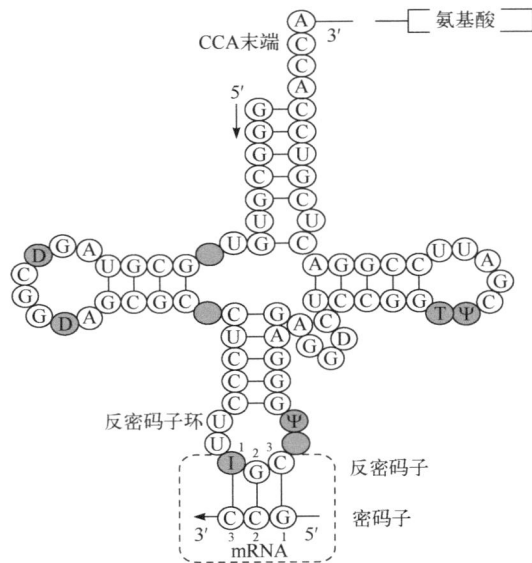

图 1-10　RNA 的三叶草结构

① 5′末端具有 G（大部分）或 C。

② 3′末端都以 ACC 的顺序终结，且氨基酸被连接到 tRNA 的 3′端 CCA 序列的腺苷酸残基的 3′OH 上，称为氨基酸臂。

③ 有一个富有鸟嘌呤的环。

④ 有一个胸腺嘧啶环。

⑤ 有一个反密码子环，在这一环的顶端有三个暴露的碱基，称为反密码子。反密码子可以与 mRNA 链上互补的密码子配对。

3. 核糖体 RNA（rRNA）

rRNA 是最多的一类 RNA，也是 3 类 RNA 中分子量最大的一类 RNA。rRNA 是组成核糖体的部分，而核糖体是蛋白质合成的工厂。rRNA 与蛋白质结合在一起，形成核糖体，如果把 rRNA 从核糖体上除掉，核糖体的结构就会发生塌陷。其功能主要是作为 mRNA 的支架，使 mRNA 分子在其上展开，形成肽链。

原核生物的核糖体所含的 rRNA 有 5S、16S 及 23S 3 种（S 为沉降系数，当用超速离心测定一个粒子的沉淀速度时，此速度与粒子的大小直径成比例关系）。5S 含有 120 个核苷酸，16S 含有 1540 个核苷酸，而 23S 含有 2900 个核苷酸。而真核生物有 4 种 rRNA，它们的分子大小分别是 5S、5.8S、18S 和 28S，分别具有大约 120、160、1900 和 4700 个核苷酸。rRNA 是单链，它包含不等量的 A 与 U、G 与 C，但是有广泛的双链区域。在双链区，碱基因氢键相连，表现为发夹式螺旋。

不同生物 rRNA 分子大小相差悬殊，但不同大小 rRNA 分子的二级结构却大致相似，单股 rRNA 链自行折叠形成螺旋区和环区，螺旋区的碱基保守性较强。

三、RNA 的提取

1. RNA 提取的常用方法

在对基因表达进行分析或是构建 cDNA 文库时，我们往往需要从组织或者细胞中获取 RNA。细胞中与蛋白质合成相关的 RNA 可以分为 mRNA、tRNA 和 rRNA 三大类。不同组织总 RNA 提取的实质就是将细胞裂解，释放出 RNA，并通过不同方式去除蛋白质、DNA 等杂质，最终获得高纯度 RNA 产物。获得纯度高、完整性好的 RNA，对后续的实验至关重要。不同种类及来源的 RNA 有不同的提取方法，根据原理划分，比较常见的方法有异硫氰酸胍-酚氯仿法（Trizol 法）、梯度密度离心法、氯仿抽提法、离子交换法、盐析法、硅胶膜法。在这些方法中，离子交换法所得到的 RNA 纯度最高，硅胶膜法得到的 RNA 纯度较高，但耗时更短更便捷，而 Trizol 法是最为常见也是最经典的提取方法。

2. Trizol 法提取 RNA 的原理及关键点

Trizol 即异硫氰酸胍-苯酚，是一种总 RNA 抽提试剂，能迅速裂解细胞，抑制细胞释放出的核酸酶活性。其基本原理是强变性剂异硫氰酸胍首先使细胞裂解，并使核蛋白复合体中的蛋白质变性。在特定 pH 条件下，由于 DNA 和 RNA 的溶解度不同而被分离，DNA 位于中间相，RNA 位于水相，再用有机溶剂来沉淀 RNA 分离水相即可得到纯度较高的 RNA。

在抽提 RNA 前，首先对样品进行前处理。应选择新鲜的动植物组织作为抽提 RNA 的对象，避免使用坏死的组织；若 RNA 的来源是细胞，则应在细胞生长旺盛的时候对其进行收集。对于一些贴壁的细胞，消化、离心要迅速，必要时可直接进入裂解环节。用敲击、振荡、吹打等方式收集细胞，以保证细胞的代谢状态及活性。样本离开活体后，内源性的 RNA 酶就会被释放出来。人体细胞中的 RNA 在 20 min 左右就会被降解一轮，RNA 的提取难度较 DNA 的提取要大很多，主要包括两方面的原因，一是 RNA 本身极不稳定，其核糖残基的 2'和 3'位置均带有羟基，使得 RNA 易于被 RNA 酶切割水解；二是 RNA 酶含量丰富，且不易失活，加热后仍能够恢复活性。因此在提取 RNA 的过程中，需要特别注意，尽量减少 RNA 酶的破坏，防止 RNA 酶的污染。

3. 防止 RNA 酶污染的措施

（1）实验器皿的处理与准备方面

① 塑料制品（包括吸头、EP 管等）　尽可能使用无菌的一次性塑料制品，已标明 RNase-Free 的塑料制品，如没有开封使用过通常没有必要再次处理。对于国产塑料制品，原则上都必须处理方可使用。将塑料制品浸泡于 0.5 mol/L NaOH 中 10 min，经高压灭菌后于 80℃烘烤箱中烘干（或置于 37℃中 8 h 左右烘干），置于干净处备用。

② 玻璃制品和金属制品　冲洗干净后，于 150℃的烘箱中烘 3～4 h。

③ 有机玻璃的电泳槽　可先用 0.5 mol/L NaOH 浸泡 20 min，然后用 0.1% DEPC 水冲洗，晾干。

（2）试剂配制方面

配制溶液应高压灭菌除去残留的 DEPC。不能高压灭菌的试剂，应当用 DEPC 处理过的无菌双蒸水配制，然后经 0.22 μm 滤膜过滤除菌。

（3）实验操作方面

① 操作人员的皮肤上可能有 RNA 酶，操作过程中必须戴一次性口罩、帽子、手套且手套要勤换。

② 设置 RNA 操作专用实验室，所有器械等应为专用。

4. 实验室常用的 RNA 酶抑制剂

① 焦磷酸二乙酯（DEPC）　是一种强烈但不彻底的 RNA 酶抑制剂。它通过和 RNA 酶的活性基团组氨酸的咪唑环结合使蛋白质变性，从而抑制酶的活性。

② 异硫氰酸胍　目前被认为是最有效的 RNA 酶抑制剂，它在裂解组织的同时也使 RNA 酶失活。它既可破坏细胞结构使核酸从核蛋白中解离出来，又对 RNA 酶有强烈的变性作用。

③ 氧钒核糖核苷复合物　由氧化钒离子和核苷形成的复合物，它和 RNA 酶结合形成过渡态类物质，几乎能完全抑制 RNA 酶的活性。

④ RNA 酶的蛋白抑制剂（RNasin）　从大鼠肝或人胎盘中提取得来的酸性糖蛋白。RNasin 是 RNA 酶的一种非竞争性抑制剂，可以和多种 RNA 酶结合，使其失活。

⑤ 其他　SDS、尿素、硅藻土等对 RNA 酶也有一定抑制作用。

5. RNA 纯化的要求

① 纯化后不应存在对酶（如逆转录酶）有抑制作用的物质；

② 排除有机溶剂和金属离子的污染；

③ 蛋白质、多糖和脂类分子等的污染降低到最低程度；

④ 排除 DNA 分子的污染。

6. RNA 提取常见的问题

（1）RNA 样品不纯

RNA 中易混入的杂质主要包括蛋白质、多酚、多糖、金属离子及 DNA。解决的对策一是在提取过程中保证彻底的裂解或增加有机溶剂抽提和漂洗次数，二是对提取的样品用吸附柱再次纯化。

（2）RNA 得率低

RNA 浓度不够可能是提取样品本身所含 RNA 量不够，或者样品量过多导致裂解和抽提不彻底。RNA 的沉淀和吸附不彻底也会导致得率降低。解决的办法是精选提取材料，减少样品用量并充分破碎细胞，增加裂解液用量和时间，延长吸附和沉淀时间。

（3）RNA 降解

RNA 降解是因为样品本身不新鲜或保存不当，也可能是 RNA 酶的作用。在取材时，样品应立即放入液氮保存，认真处理所需的器具并严格操作，提取出来的 RNA 加入 RNA 酶抑制剂，分装于–70℃保存。

7. RNA 完整性和纯度的检测

在获得 RNA 后，应对 RNA 的纯度和完整性进行检测以保证获得 RNA 的质量。

（1）完整性检测

真核生物的 RNA 一般具有 4 条特征性条带：28S、18S、5.8S 和 5S；植物组织一般有 3 条特征条带：28S、18S 和 5S；原核生物理论上也有 3 条特征条带：23S、16S 和 5S。对于真核生物 RNA，在 1%琼脂糖、10 V/cm 的电压琼脂糖凝胶电泳的条件下，若没有出现 28S 条带，说明 28S 已经遭到了破坏。好的提取结果一般有以下特征：有 3 条特征条带（5S、18S 和 28S），并且 28S 条带的亮度是 18S 的 2 倍左右。如果出现多个条带，说明 RNA 被污染或破坏。真核生物 rRNA 的 28S 亚基和 18S 亚基在提取过程中可能发生降解，实验中可用 28S/18S 作为衡量提取的 RNA 完整性的指标。若 28S/18S 为 1.8～2.0 的范围内，可认为提取 RNA 完整性较好。

（2）纯度检测

实验中通常用 OD_{260}/OD_{280} 来检测 RNA 纯度，同时将 OD_{260}/OD_{280} 作为参考值。不同比值所代表的意义如下：OD_{260}/OD_{280} 在 1.9～2.1 之间时，一般认为 RNA 纯度较好；OD_{260}/OD_{280} 小于 1.8 时，表明蛋白质杂质较多；OD_{260}/OD_{280} 大于 2.2 时，表明 RNA 已经降解。

实训 3　玉米总 RNA 的分离与纯化

任务目的

1. 掌握 Trizol 法提取植物总 RNA 的分离提取技术。

2. 掌握 RNA 定性、定量检测方法。

任务描述

Trizol 试剂中的主要成分为异硫氰酸胍和苯酚。其中异硫氰酸胍是蛋白质强变性剂，能裂解组织细胞，抑制 RNA 酶的活性，同时与 RNA 形成可溶性复合物，使 RNA 与蛋白质分离。当加入氯仿时，它可抽提酸性苯酚，而酸性苯酚可促使 RNA 进入水相，离心后形成水相层和有机层，RNA 与仍留在有机相中的蛋白质和 DNA 分离。

任务准备

1. 器材

离心机、紫外分光光度计、微量移液器、水浴锅、超低温冰箱、研钵、液氮罐、电子天平、pH 计、高压灭菌锅、琼脂糖凝胶电泳系统等。

2. 试剂

① 0.1%DEPC 水：0.1 mL DEPC 原液+100 mL 双蒸水，振摇过夜，高压灭菌。

② 70%乙醇（RNA 用）：用 DEPC 水配制 70%乙醇（用高温灭菌器皿配制），然后装入高温灭菌的玻璃瓶中，存放于低温冰箱。

③ Trizol：购自公司或自行配制。

表 1-2　自行配制 1000 mL Trizol 所需试剂及用量

试剂	用量
苯酚饱和液	380 mL
硫氰酸胍盐	118.16 g
硫氰酸铵	76.12 g
醋酸钠（0.1 mol/L，pH 5.0）	33.4 mL
甘油	50 mL
DEPC 水	定容至 1000 mL

④ 琼脂糖凝胶电泳检测试剂配制。

RNA 电泳可以在变性和非变性两种条件下进行，非变性电泳使用 1.0%～1.4%的凝胶，不同的 RNA 条带也能分开，但无法判断其分子量。只有在完全变性的条件下，RNA 的泳动率才与分子量的对数呈线性关系，因此要测定分子量，一定要用变性电泳。而我们通常只需要快速检测所提 RNA 样品的完整性，用普通的 1%琼脂糖凝胶即可，试剂配制方法同本项目实训 2，需要琼脂糖、TAE 缓冲液、核酸染料、载样缓冲液等试剂。

任务实施

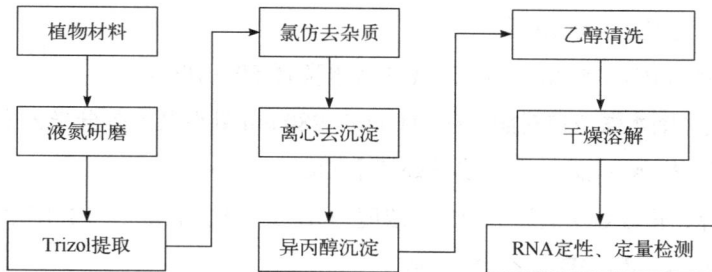

1. 植物总 RNA 的提取

按下列步骤提取总 RNA，操作时戴手套，并及时更换新手套。

① 取适量新鲜植物嫩叶，去叶脉，放入液氮预冷的研钵。

② 加入液氮研磨成细粉末，并移入 2 mL EP 管中。

③ 加入 500 μL Trizol 液，充分混匀(注意样品总体积不能超过所用 Trizol 体积的 10%)。

④ 冰上静置 5～10 min 以利于核酸蛋白质复合体的解离（此步室温放置亦可）。

⑤ 加入 500 μL 氯仿，盖紧管盖，用手剧烈摇荡 EP 管 15 s，冰上静置 15 min。

⑥ 4℃、10000 r/min 离心 10 min（这是关键的一步，离心后分成三层，RNA 在上清液里，所以离心管从离心机拿出来的时候动作要轻，以免管内物质振荡激起下层沉淀）。

⑦ 取上清液移入新管（吸取上清液的时候动作一定要轻，切忌吸取太多，少量即可，约 400～500 μL，若吸取过多容易吸到下层沉淀）。

⑧ 加入等体积异丙醇，冰上放置 10 min，10000 r/min 离心 10 min。

⑨ 弃去上清液，加入至少 1 mL 的 70%乙醇，涡旋振荡混匀，让乙醇充分接触沉淀，洗涤沉淀，然后 4℃，7500 r/min，离心 5 min。

⑩ 小心弃去上清液，冰上或真空干燥沉淀 5～10 min（注意不要干燥过分，否则会降低 RNA 的溶解度。）

⑪ 将 RNA 溶于 TE 或 DEPC 水中，吹吸数次，必要时 55～60℃水溶 10 min。

⑫ 放于–80℃贮存或进行下一步实验。

2. RNA 的定性、定量检测

（1）电泳定性检测

① 用 1×TAE 电泳缓冲液制作琼脂糖凝胶，在胶凝固前加入 1 μL 核酸染料，轻轻混匀室温静置至凝胶凝固，加 1×TAE 电泳缓冲液至液面覆盖凝胶。

② 在超净工作台上，用移液器吸取总 RNA 样品 4 μL 于封口膜上，在实验台上再加入 5 μL 1×TAE 电泳缓冲液及 1 μL 的 10×载样缓冲液，混匀后小心加入点样孔。

③ 打开电源开关，调节电压至 100 V，使 RNA 由负极向正极泳动，30 min 左右后将凝胶放入紫外透射检测仪上观察 RNA 电泳结果。

（2）紫外分光光度计定量检测

① 取少量待测 RNA 样品，用 TE 或蒸馏水稀释 50～100 倍。

② 用 TE 或蒸馏水做空白对照，在 260 nm、280 nm 处调节紫外分光光度计的读数至零。

③ 加入待测 RNA 样品在 2 个波长处读取 OD 值。

④ 浓度计算：根据 OD 值计算 RNA 浓度，$OD_{260}=1$ 约为 40 μg/mL RNA。所以，ssRNA（单链 RNA）=40 μg/mL×OD_{260}×稀释倍数。

⑤ 纯度分析：纯 RNA 样品的 OD_{260}/OD_{280} 大约为 2.0，样品中若有蛋白质或苯酚则小于 2.0。

注意事项

① RNA 极易降解，所有的提取步骤都最好在冰浴中进行，另外还得防止内源性、外源性 RNA 酶的降解作用。

② 所有试剂用 DEPC 水配制，用具也用 DEPC 水冲洗，并灭菌。抽提时要在超净台内操作，并且操作时戴口罩和一次性手套，尽量少讲话，并尽可能在冰上操作、低温离心（RNA 不稳定，极易降解），EP 管及 Tip 头等都要用 DEPC 处理（0.1%DEPC 浸泡过夜后，高压蒸气灭菌）。

③ 操作过程小心、细致，每次移液时动作要轻。这样做的目的有两个，一是小心 RNA 酶（RNase）的污染降解 RNA；二是动作过度暴力会破坏 RNA 的完整性。

任务结果与评价

① RNA 纯品呈白色粉末或结晶状，乙醇沉淀后不形成肉眼的可见形态。

② 甲醛变性凝胶电泳检测提取的总 RNA，出现的电泳条带有两条，是两条最大的核糖体 RNA（rRNA）分子，即 18S rRNA 和 28S rRNA（图 1-11），较小的 rRNA 看不到，因为太小，跑出了凝胶的边界。多数细胞中的 mRNA 经 EB 染色后不足以形成可见的带。只要 18S rRNA 和 28S rRNA 带亮，且 28S rRNA 大约为 18S rRNA 的 2 倍，说明提取的 RNA 没有发生降解，纯度好。

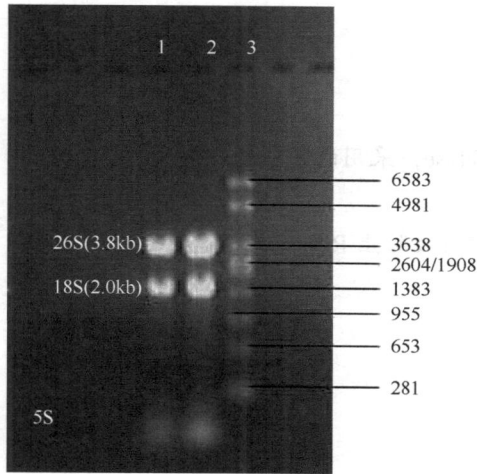

图 1-11　植物总 RNA 电泳图

任务结束后，完成《学生技能训练手册》考评工单。

工作反思

1. 提取 RNA 之前为什么要先进行高压灭菌？

2. 为什么 RNA 的提取较 DNA 提取难度要大很多，在提取 RNA 的过程中需要特别注意哪些问题？

📑 知识小结

1. RNA 主要分 3 类，即 tRNA、rRNA 和 mRNA。

2. 比较常见的方法有异硫氰酸胍-酚氯仿法（Trizol 法）、梯度密度离心法、氯仿抽提法、离子交换法、盐析法、硅胶膜法。

3. RNA 提取遵循的原则：充分破碎组织细胞；抑制内源和外源 RNase 活性；将 RNA、DNA、蛋白质及其他细胞物质分开。

❓ 能力测验

一、选择题

下列关于 RNA 的功能叙述错误的是（　　　）。

A. 催化作用

B. 某些病毒的遗传物质

C. 参与遗传信息的传递

D. 参与构成细胞膜

二、填空题

除去玻璃器皿上的 RNase，采用的方法是_____。

三、简答题

RNA 提取过程中如何有效防止 RNase 对 RNA 的降解？

项目三
质粒的提取与纯化

  质粒多存在于许多细菌和酵母菌中，是染色体外小型双链环状的 DNA 分子，大小为 1～200 bp，在细菌中能不断自我复制。质粒分子本身含有复制功能的遗传结构，还带有某些遗传信息，所以会赋予宿主细胞一些遗传性状，如抗药性等。其自我复制能力及所携带的遗传信息在重组 DNA 操作，如扩增、筛选过程中都是极为有用的，因此，细菌质粒是重组 DNA 技术中常用的载体，是携带外源基因进入宿主细胞中扩增或表达的重要媒介，而质粒抽提技术在生物技术相关岗位是一个必备技能。本项目的目标是培养学生熟练运用碱裂解法提取大肠杆菌质粒 DNA，并进行定性定量检测。

📚 必备知识

一、质粒

  质粒是小型环状 DNA 分子，在基因工程中作为最常用、最简单的载体，必须包括三部分：遗传标记基因、复制区、目的基因。在所有的细菌类群中都可发现质粒，它们是独立于细菌染色体外能自我复制的 DNA 分子。自然界中，质粒是在营养充足时出现的，它的结构、大小、复制方式、拷贝数和繁殖力在不同的细菌体内都有差异，在菌种之间的转移力等方面也会有变化。大多数原核生物的质粒是双链环状的 DNA 分子，但是无论是在革兰氏阳性还是阴性菌体内都可以发现线状质粒。质粒大小变化很大，可从几个到数百 kb。质粒依靠宿主细胞提供的蛋白质进行复制，但也可以使宿主细胞获得质粒编码的功能。质粒复制可以与细菌的细胞周期同步，导致菌体内质粒的拷贝数较低，质粒复制也可独立于细胞周期，使每个菌体内扩增成百上千个质粒拷贝。一些质粒在菌种间可自由地转移它们的 DNA 分子，另一些只转移质粒给同种细菌，而有些却根本不转移它们的 DNA。质粒带有许多功能性基因，这些功能包括对抗生素和重金属的抗性、对诱变原的敏感性、对噬菌体的易感性或抗性、产生限制酶、产生稀有的氨基酸和毒素、决定毒力、降解复杂有机分子及形成共生关系的能力和在生物界内转移 DNA 的能力。因此，质粒常被用作克隆载体，而质粒 DNA 的分离与提取是最常用也是最基本的分子生物学实验技术。

二、质粒的抽提和检测

1. 质粒 DNA 抽提方法

质粒提取方法主要有碱裂解法、煮沸裂解法、小量一步提取法等，可根据质粒 DNA 分子量的大小、所用细菌的种属、细菌裂解释放 DNA 后的纯化方法和实验要求来选择。质粒 DNA 的分子量大于 15 kb 时，在质粒抽提过程中容易受损，可以采用比较温和的裂解方法，将细菌悬浮于等渗的葡萄糖溶液中，加入溶菌酶和 EDTA 破坏细胞壁和细胞膜，这样可以缓解高渗透压的细菌在释放质粒 DNA 时的压力，保护质粒 DNA。小分子的质粒 DNA 可以选用相对剧烈的方法来分离，如用煮沸法、碱裂解法或者加入溶菌酶、EDTA 和去垢剂裂解细菌。这些方法会使 DNA 变性，但两条互补链仍会互相盘绕，并紧密地结合在一起，在恢复正常条件后，DNA 便会复性。对于那些经变性剂、溶菌酶及加热处理后能释放大量碳水化合物的大肠杆菌菌株，则不推荐使用煮沸法。这些碳水化合物在密度梯度离心中会紧靠超螺旋的 DNA 分子形成致密模糊的区带，因此很难分开，且这些碳水化合物可抑制多种限制酶的活性。菌株含有限制性核酸内切酶 A 的不宜使用煮沸法。因为煮沸不能使内切酶 A 完全失活，在后续实验中再用限制性内切酶消化时，质粒 DNA 会被降解。此时必须用酚:氯仿进行抽提。总的来说，煮沸法时间短、操作简单，但条件过于剧烈，易造成质粒断裂，回收率较低。碱裂解法操作简单，所得质粒量较多且污染少，虽然花费的时间较长，但最为常用。

（1）碱裂解法

碱裂解法抽提质粒 DNA 是基于染色体 DNA 与质粒 DNA 的变性与复性的差异而达到分离目的。在 pH 高达 12.6 的碱性条件下，染色体 DNA 的氢键断裂，双螺旋结构解开而变性，质粒 DNA 的大部分氢键也断裂，但超螺旋共价闭合环状的两条互补链不会完全分离，当以 pH 4.8 的 NaAc 高盐缓冲液恢复 pH 至中性时，变性的质粒 DNA 又恢复原来的构型，保存在溶液中，而染色体 DNA 不能复性而形成缠连的网状结构，通过离心，染色体 DNA 与不稳定的大分子 RNA、蛋白质-SDS 的复合物等一起沉淀下来而被除去。由于 DNA 和 RNA 都属于核酸，性质非常相似，因此抽提的质粒中很容易混有少量 RNA，而 RNA 酶只识别单链 RNA，对双链的 DNA 分子不起作用，利用 RNA 酶可以去除质粒 DNA 分子中的 RNA 分子。

（2）煮沸裂解法

将细菌悬浮于含 Triton X-100 和能消化细胞壁的溶菌酶缓冲液中，然后加热到 100℃ 使其裂解。加热除了破坏细胞壁外，还有助于解开 DNA 链的碱基配对，并使蛋白质和染色体 DNA 变性。但是，闭环质粒 DNA 彼此不会分离，这是因为它们的磷酸二酯骨架具有互相缠绕的拓扑结构，当温度下降后，闭环 DNA 的碱基又各自就位，形成超螺旋分子。离心除去变性的染色体核蛋白质，就可从上清液中回收质粒 DNA。煮沸裂解法对于小于 15 kb 的小质粒很有效，可用于提取少至 1 mL（小量制备）、多至 250 mL（大量制备）菌液的质粒，并且对大多数的大肠杆菌菌株都适用。

（3）小量一步提取法

由于细菌染色体 DNA 比质粒大得多，受机械力后细菌染色体 DNA 会被断裂成不同大小的线性片段而缠绕附着在细胞碎片上，并发生变性。同样受机械力的质粒 DNA 会变性，机械力消失后复性。但质粒 DNA 的复性快，仍溶于溶液，而细菌染色体 DNA 复性较慢，会形成不溶的网状结构，通过高速离心可以分离得到质粒 DNA。

2. 质粒提取常见问题及解决方案

① 菌液较多　可以通过几次离心将菌体沉淀收集到一个离心管中。收集的菌体量以能够充分裂解为佳，菌体过多、裂解不充分会降低质粒的提取效率。未彻底混匀的菌块会影响裂解，导致提取量和纯度偏低。菌体悬浮后若有较多的气泡也会影响裂解，导致提取量和纯度偏低。质粒提取使用的溶液Ⅰ主要是悬浮菌体；溶液Ⅱ是裂解菌体，其中的高浓度 NaOH 会破坏细菌细胞壁和细胞膜，使菌体中的质粒 DNA 释放出来；溶液Ⅲ主要是中和溶液，使溶液恢复中性环境，利于质粒 DNA 复性。溶液Ⅱ中 SDS 的 Na^+ 会被 K^+ 置换，SDS 变为 PDS 并结合大分子的基因组 DNA，蛋白质和细胞碎片形成不溶物，然后通过离心可以得到含有质粒 DNA 的上清液。因此加入溶液Ⅱ后要温和地混合，不要剧烈振荡，以免使基因组 DNA 断裂污染质粒。所用时间不应超过 5 min，以免质粒受到破坏。如果菌液没有变清亮，可能是由于菌体过多，裂解不彻底，若继续进行后续操作会得到鼻涕状的沉淀，无法通过离心分离得到含有 DNA 的上清液。因此在加入溶液Ⅱ后菌液没有变清亮，可以适当按比例加大溶液Ⅱ和后续溶液Ⅲ的用量。

② 菌液培养时间　使用 LB 培养基培养菌液的时间一般在 17 h 左右，菌液 OD 值在 2.5～2.6 为佳。培养时间短会导致菌体生长不充分，培养时间过长菌体会出现死亡，都会影响收集的菌体量，从而影响抽提出的质粒 DNA 的量。在接菌前，可以将保存的菌种先进行活化，然后再接菌，可使过夜培养的菌液生长更充分，在一定范围内菌体量的增加，可以提高所提质粒的浓度。

③ 宿主菌株　宿主菌株的种类将会影响质粒的收获量。含内源核酸酶的宿主菌株，如 HB101、JM101、JM110、TG1 以及它们的衍生菌株，通常因为内源核酸酶的存在，或者在提取过程中释放出来的核酸酶的作用下，显著影响最终收获量，或者纯化到的质粒容易降解。推荐将质粒转化至不含内源核酸酶的宿主菌株中，如 Top10、DH5α 进行质粒纯化。

④ 质粒拷贝数低　由于使用低拷贝数载体引起的质粒 DNA 提取量低，可更换具有相同功能的高拷贝数载体，或者加大提取的菌液量，并减少洗脱时的体积。

⑤ 菌体中无质粒　有些质粒本身不能在某些菌种中稳定存在，经多次转接后有可能造成质粒丢失。例如，柯斯质粒在大肠杆菌中长期保存不稳定，因此不要频繁转接，每次接种时应接种单菌落。有时菌种保存一段时间后会出现质粒丢失的情况，导致无法提取质粒，若有保存的质粒可以转化后再挑取单克隆摇菌提质粒。另外，检查筛选用抗生素使用浓度是否正确。

⑥ 碱裂解不充分　使用过多菌体培养液，会导致菌体裂解不充分，可减少菌体用量或增加裂解液的用量。菌体沉淀未能充分悬浮或悬浮后有较多气泡也会导致裂解不充分，要注意让菌体充分悬浮并将较多的气泡用移液器吸出。对低拷贝数质粒，提取时可加大菌体用量并加倍使用试剂盒溶液，有助于增加质粒提取量和提高质粒质量。

⑦ 吸附柱过载　不同产品中吸附柱吸附能力不同，如果需要提取的质粒量很大，请分多次提取。若用富集培养基，例如 TB 或 2×YT，菌液体积必须减少；若质粒是非常高的拷贝数或宿主菌具有很高的生长率，则需减少 LB 培养液体积。

⑧ 质粒未全部溶解（尤其质粒较大时）　洗脱溶解质粒时，可适当加温或延长溶解时间。

⑨ 乙醇残留　漂洗液洗涤后应离心尽量去除残留液体，再加入洗脱缓冲液。漂洗液中乙醇的残留会影响后续的酶反应（酶切、PCR 等）实验。为确保下游实验不受残留乙醇的影响，可置于室温静置 20～30 min，或放到超净台上风吹 15 min，以彻底晾干吸附材料中残余的漂洗液。

⑩ 洗脱问题　洗脱液加入位置不正确,洗脱液应加在硅胶膜中心部位以确保洗脱液完全覆盖硅胶膜的表面达到最大洗脱效率。若第一次没有将洗脱液准确加到硅胶膜的中心部位，可以离心后将离心下来的洗脱液按正确方式重新上柱再次洗脱。洗脱液不合适，DNA只在低盐溶液中才能被洗脱，如洗脱缓冲液 EB（10 mmol/L Tris-HCl，1 mmol/L EDTA，pH8.5）或水。洗脱效率还取决于 pH，最大洗脱效率在 pH 7.0～8.5。当用水洗脱时确保其pH 在此范围内，如果 pH 过低可能导致洗脱量低。洗脱时将灭菌蒸馏水或洗脱缓冲液加热至 60℃后使用，有利于提高洗脱效率。洗脱体积太小，洗脱体积对回收率有一定影响。随着洗脱体积的增大回收率增高，但产品浓度降低。为了得到较高的回收率可以增大洗脱体积或将洗脱液重复洗脱 2 次。洗脱时间过短，洗脱时间对回收率也会有一定影响。洗脱时在说明书的建议时间基础上，适当延长静置时间或者洗脱两次可达到较好的效果。

技能训练

实训 4　大肠杆菌质粒 DNA 的分离与纯化

任务目的

1. 掌握碱裂解法抽提大肠杆菌中的质粒 DNA 的原理及操作技术。

2. 掌握质粒 DNA 浓度和纯度的测定方法。

任务描述

碱裂解法是一种常用的质粒 DNA 提取法，是根据共价闭合环状质粒 DNA 与线性染色体 DNA 在拓扑学上的差异来分离的。在 pH 12.0～12.5 的溶液中，线性 DNA 双螺旋结构解开而变性，质粒 DNA 的氢键会断裂，但两条互补链仍紧密结合在一起。经酸中和后，质粒 DNA 能够迅速复性，呈溶解状态，离心时留在上清液中；而染色体 DNA 与蛋白质不能复性呈絮状，离心时沉淀下来。

任务准备

1. 器材

恒温摇床、台式高速离心机、紫外凝胶成像仪、紫外可见分光光度计、琼脂糖凝胶电泳系统、旋涡混合器、微量移液器等。

2. 试剂

（1）质粒抽提试剂配制

有条件的实验室可以直接购买质粒抽提试剂盒，包含了所需要的所有试剂，按说明书使用即可。如果没有购买质粒抽提试剂盒，则需要按表 1-3 配制试剂。

表 1-3　质粒抽提试剂配制表

试剂	配制方法
溶液 I	50 mmol/L 葡萄糖、25 mmol/L Tris-HCl、10 mmol/L EDTA
溶液 II	0.4 mol/L NaOH 和 2% SDS，用前等体积混合
溶液 III	5 mol/L KAC 60 mL、冰醋酸 11.5 mL、超纯水 28.5 mL
氯仿：异戊醇	$V:V=24:1$
Tris 饱和酚：氯仿：异戊醇	$V:V:V=25:24:1$
乙醇	70%（V/V）
RNA 酶	溶于 10 mmol/L Tris-HCl（pH7.5）、15 mmol/L NaCl 中，配成 10 mg/mL 的浓度，100℃加热 15 min，缓慢冷却至室温，10000 r/min 离心 5 min，上清液于 $-20℃$ 保存备用。

（2）琼脂糖凝胶电泳试剂配制

可参照实训 2，质粒 DNA 的完整性可用 1%或 1.2%的琼脂糖凝胶鉴定。

任务实施

```
┌──────────┐        ┌──────────┐        ┌──────────┐
│   菌液   │  ───►  │ 裂解菌体 │  ───►  │ 洗涤质粒 │
└──────────┘        └──────────┘        └──────────┘
      │                   │                   │
      ▼                   ▼                   ▼
┌────────────┐      ┌──────────┐        ┌──────────┐
│离心去培养基│      │ 清除杂质 │        │ 洗脱质粒 │
└────────────┘      └──────────┘        └──────────┘
      │                   │                   │
      ▼                   ▼                   ▼
┌──────────┐        ┌──────────┐    ┌──────────────────┐
│ 重悬细菌 │ ─────► │ 沉淀质粒 │    │质粒定性、定量检测│
└──────────┘        └──────────┘    └──────────────────┘
```

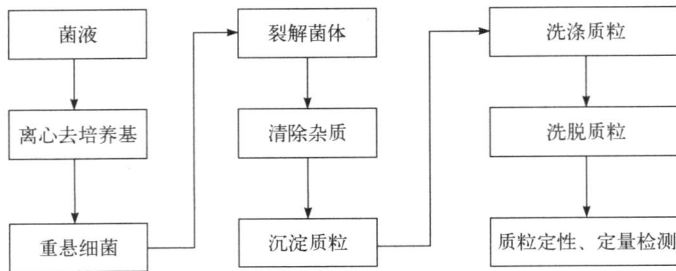

1. 质粒 DNA 的提取

（1）采用试剂盒抽提质粒

试剂盒试剂准备：RNA 酶加到 buffer S1；加 56 mL 乙醇到 W2 中（不能有水）。

① 取过夜培养的菌液 2 mL 于合适的离心管中。

② 8000 r/min 离心 2 min，小心去除上清液，并用吸水纸吸干残余液体（去掉培养基，收集粘在管底的菌体）。

③ 加 250 μL buffer S1 悬浮细菌沉淀，盖紧离心管，翻转混匀，放置 10 min（让粘在管底的菌体悬浮起来）。

④ 加入 250 μL buffer S2，温和并充分地上下翻转 5 次，静置 1 min（崩解细胞膜及染色体 DNA，留下质粒 DNA）。

⑤ 加入 350 μL buffer S3，温和并充分混匀 6～8 次，冰上放置 10 min（中和 NaOH，复性）。

⑥ 12000 r/min，离心 10 min（将蛋白质、染色体 DNA 沉淀在管底）。

⑦ 将上清液转移到制备管中，静置 1 min（让质粒 DNA 充分吸附在硅酸纤维膜上）。

⑧ 12000 r/min，离心 1 min，弃滤液。

⑨ 将制备管置回离心管，加 500 μL buffer HB，12000 r/min 离心 1 min，弃滤液（除去蛋白等杂质）。

⑩ 加入 700 μL Wash buffer，12000 r/min 离心 1 min，弃滤液。以同样的方法用 700 μL Wash buffer 再洗一次，弃滤液（洗去 HB）。

⑪ 将制备管放回 2 mL 离心管中，12000 r/min 离心 1 min，弃滤液（确保 Wash buffer 干净）。

⑫ 将制备管移入另一新的 1.5 mL 离心管中，在制备膜中央加入 100 μL Eluent，静置 1 min（使膜上的 DNA 被充分洗脱下来）。

⑬ 12000 r/min 离心 1 min，弃掉制备管，此时 1.5 mL 离心管中的液体即为质粒 DNA 溶液。

（2）自配试剂抽提质粒

① 取过夜培养的菌液 2 mL 于合适的离心管中。

② 8000 r/min 离心 2 min，小心去除上清液，并用吸水纸吸干残余液体（去掉培养基，收集粘在管底的菌体）。

③ 加 250 μL 溶液Ⅰ悬浮细菌沉淀，盖紧离心管，翻转混匀，放置 10 min（让粘在管底的菌体悬浮起来）。

④ 加入 250 μL 溶液Ⅱ（新鲜配制），温和并充分地上下翻转 5 次，静置 1 min（崩解细胞膜及染色体 DNA，留下质粒 DNA）。

⑤ 加入 350 μL 溶液Ⅲ，温和并充分混匀 6～8 次，冰上放置 10 min（中和 NaOH，复性）。

⑥ 12000 r/min，离心 10 min（将蛋白质、染色体 DNA 沉淀在管底）。

⑦ 将上清液转移到制备管中，静置 1 min（让质粒 DNA 充分吸附在硅酸纤维膜上）。

⑧ 12000 r/min，离心 1 min，弃滤液（去除膜上部的液体）。

⑨ 将制备管置回离心管，加 500 μL 等体积酚∶氯仿∶异戊醇，12000 r/min 离心 1 min，弃滤液（除去蛋白质等杂质）。

⑩ 加入 700 μL 等体积氯仿∶异戊醇，12000 r/min 离心 1 min，弃滤液。以同样的方法用 700 μL Wash buffer 再洗一次，弃滤液（洗去微量酚和脂质）。

⑪ 将制备管放回 2 mL 离心管中，12000 r/min 离心 1 r/min，弃滤液。

⑫ 在制备管中加入 2 倍体积无水乙醇，室温放置 30 min，12000 r/min 离心 1 min，去上清液。

⑬ 用 1 mL 70%乙醇洗涤质粒 DNA 沉淀 2 次，12000 r/min 离心 1 min，弃滤液。

⑭ 将制备管移入另一新的 1.5 mL 离心管中，在制备膜中央加入 100 μL 超纯水，静置 1 min（使水膜上的 DNA 被充分洗脱下来）。

⑮ 12000 r/min 离心 1 min，弃掉制备管，此时 1.5 mL 离心管中的液体即为质粒 DNA 溶液。

2. 质粒的定性、定量检测

（1）电泳检测

方法同本模块项目一实训 2。

（2）质粒的定量和纯度检测

① 质粒 DNA 用 TE 缓冲液或超纯水稀释 200 倍（总体积约 300 μL），测定 OD_{260} 和 OD_{280}。

② 记录数据。

注意事项

① 碱裂解法抽提质粒所需的试剂较为复杂,准备和配制适宜浓度的试剂是需要解决的首要问题, 如果没有条件购买试剂盒,则需要提前一天做试剂的准备工作。

② 琼脂糖凝胶电泳检测质粒 DNA 条带前, 按照被分离 DNA 的大小, 决定凝胶中琼脂糖的百分含量。电泳前需要对 DNA 进行染色, 常用 EB 作非放射性的标记, 来识别和显示核酸条带。尽管 EB 是一种高效的显色剂, 但它的高危险性要求特殊的安全管理和回收流程。EB 是一种强诱变剂(可能造成遗传性危害), 可以通过皮肤吸收, 因此应当避免一切与 EB 的直接接触。可改用低毒性的其他材料来替代 EB, 以减少在实验室里可能发生的危险。

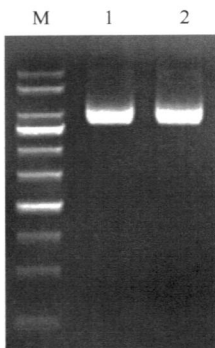

图 1-12 质粒 DNA
电泳结果示意图

任务结果与评价

抽提的质粒 DNA 溶于超纯水或者 TE 缓冲液, 为无色无味的透明液体;琼脂糖凝胶电泳检测 DNA 条带, 在紫外凝胶成像仪中可见清晰的电泳条带(图 1-12), 与标记条带对比, 可知质粒 DNA 大小。

任务结束后, 完成《学生技能训练手册》考评工单。

工作反思

1. 质粒抽提步骤复杂, 需要经过多次离心, 每一次离心后, 如何判断上清液和沉淀哪一个是我们所需要的?

2. DNA 一定是带负电荷吗? 如何判断 DNA 所带电荷, 从而避免在琼脂糖凝胶电泳过程中将电极接反?

📄 知识小结

1. 质粒是存在于细菌染色体外的双链闭合环状小分子 DNA, 主要发现于细菌、放线菌和真菌细胞中。

2. 质粒常被用作克隆载体, 是携带外源基因进入宿主细胞中扩增或表达的重要媒介。

3. 提取质粒的常用方法有碱裂解法、煮沸裂解法及小量一步提取法。

❓ 能力测验

一、单项选择题

1. 植物幼嫩组织哪些特点便于基因组 DNA 的提取(　　　　)?

①细胞核大，细胞质少；②核酸浓度高；③次生代谢物少；④蛋白质和糖类较多；⑤分裂旺盛；⑥蛋白质和糖类较少

    A. ①②③④⑤   B. ①②③④   C. ②③④⑤   D. ①②③⑤⑥

2. 下列有关质粒的叙述，不正确的是（   ）。

A. 质粒会赋予宿主细胞一些遗传性状

B. 质粒是小型环状 DNA 分子，具有可复制性

C. 质粒的复制必须与宿主的细胞周期同步

D. 质粒对宿主的生存不是必需的

3. 质粒抽提试剂盒中 S2 的作用是（   ）。

A. 悬浮菌体

B. 裂解细胞

C. 中和碱性，使质粒 DNA 复性

D. 去除杂质

4. 质粒抽提试剂盒中"Eluent"的作用是（   ）。

A. 悬浮菌体

B. 洗脱 DNA 并保存

C. 中和碱性，使质粒 DNA 复性

D. 去除杂质

5. 关于 DNA 提取，下列说法错误的是（   ）。

A. DNA 不容易断裂，提取过程可以剧烈振荡

B. 需要加入 RNA 酶去除 RNA 的污染

C. 尽量降低蛋白质、糖和脂类的污染

D. 样品研磨要够充分，使 DNA 充分释放出来

6. 下列关于 DNA 的结构，说法错误的是（   ）。

A. DNA 都是双螺旋结构

B. DNA 链有方向

C. DNA 的一级结构决定了遗传密码

D. DNA 双螺旋结构，内部为碱基对

二、填空题

1. 基因组指的是_____，包括_____和_____。

2. 纯的 DNA 溶液 OD_{260}/OD_{280} 为_____，纯的 RNA 溶液 OD_{260}/OD_{280} 为_____。

3. 影响电泳迁移率的因素包括_____、_____、_____、_____。

4. 电泳的指示剂和染色剂的作用分别是_____和_____。

三、简答题

1. 质粒抽提需要经过多次离心，离心都有哪些目的？

2. 如果叶片研磨不充分会对实验结果有什么影响?

3. DNA 与 RNA 分子结构上的区别主要有哪些?

4. 为什么 RNA 的提取较 DNA 提取难度要大很多, 在提取 RNA 的过程中需要特别注意哪些问题?

5. 质粒作为基因工程的载体需要具备哪些基本特征?

6. DNA 一定是带负电荷吗? 如何判断 DNA 所带电荷, 从而避免在琼脂糖凝胶电泳过程中将电极接反?

模块二
基因扩增检测技术

知识目标

1. 掌握 PCR 技术的相关概念、基本原理和主要步骤。
2. 认识 PCR 反应体系组分及作用，掌握 PCR 反应条件。
3. 掌握实时荧光定量 PCR 的基本原理。
4. 了解 PCR 及荧光定量 PCR 的常见问题及条件优化。

技能目标

1. 能够根据实验任务完成 PCR 反应液的配制。
2. 会使用 PCR 仪和荧光定量 PCR 仪。

思政素养目标

1. 了解 PCR 的发明过程，培养勇于探索、开拓创新的精神，体会团队合作的重要性。
2. 通过实验操作，培养严谨认真、审慎探索的科学态度，重视实验数据的可靠性和准确性，倡导实事求是、严谨求真的科学精神。

PCR 技术具有极强的实用性和生命力，已成为生物科学研究的一种重要方法。在食品检测领域，PCR 技术不仅可以用于食品生产所用原料组成的测定分析，也可用于食品的安全性检测，包括食品中是否有转基因成分的检测、食品中各种相关微生物种类及含量的测定分析等。近年来，PCR 技术在食品检测中的应用发展十分迅速，它的快速、准确、灵敏度高等优点受到众多研究人员的青睐。并且随着研究的深入和发展，PCR 衍生技术在食品检测中的应用领域也越来越广泛，如多重 PCR 技术、实时荧光定量 PCR 技术、免疫 PCR 检测技术等。

项目一

聚合酶链式反应

目前，全世界范围内很多种转基因作物已经商业化，如大豆、玉米、棉花、油菜以及番木瓜等，而对于转基因产品的安全性问题，还存在争议。因此，部分国家为保障本国消费者知情权和贸易壁垒，要求对转基因产品进行定性或定量标识。我国目前对转基因产品采取强制定性标识政策，而定性标识的技术基础是转基因成分的检测。据统计，目前国际上被批准的转基因植物中，有 22 种含有花椰菜花叶病毒启动子调控序列（CaMV 35S），16 种含有根癌农杆菌启动子和终止子调控序列（NOS），有 17 种含有卡那霉素抗性选择标记基因（*NPT-Ⅱ*）。所以，只要通过对 CaMV 35S 启动子、NOS 终止子及 *NPT-Ⅱ* 基因的检测，就可实现对绝大部分转基因植物产品的检测。

PCR 技术在食品检测中的应用

玉米是世界的主粮之一，但由于易受害虫和杂草的影响而降低产量，科学家采用转基因技术培育出抗虫、耐除草剂的转基因玉米，如 TC1507、MON863、GA21 等，这些转基因玉米都有 CaMV 35S 启动子基因。为防止未经安全审批的转基因作物造成大面积扩散和基因漂移，保障我国的农产品和食品安全，作为转基因安全检测部门，此次的检测任务是通过 PCR 技术对抽样地点的玉米基因信息进行分析鉴定，以判断该玉米样品是否含有转基因成分。

必备知识

聚合酶链式反应（polymerase chain reaction，PCR）是一种在体外酶促扩增特定核酸序列的方法，故又称为基因的体外扩增法。能够在一支 PCR 小管内通过酶促反应将特定的 DNA 片段在数小时内扩增百万倍，给生命科学领域的研究手段带来了革命性的变化。它具有特异性高、敏感性强、产率高、操作快速、重复性好等优点，虽问世仅数十年，已得到迅速发展，成为最常用的分子生物学技术之一。Kary Mullis 因发明聚合酶链式反应技术，于 1993 年获得诺贝尔化学奖。目前，PCR 技术在多领域已有广泛应用，如食源性病原菌的检测、益生菌检测及鉴定、转基因成分检测等。

体内与体外 DNA 复制的区别和联系见表 2-1。

表 2-1　体内与体外 DNA 复制的区别与联系

	体内 DNA 复制	体外 DNA 复制（扩增）
场所	细胞内	EP 管
原理	半保留复制	半保留复制
模板	DNA	DNA
原料	4 种脱氧核苷酸	4 种脱氧核苷酸
酶	解旋酶、DNA 聚合酶、DNA 连接酶、RNA 聚合酶	耐热 DNA 聚合酶
引物	RNA 片段	单链 DNA
其他	胞内环境	缓冲液、离子环境等

一、PCR 技术基本原理

PCR 技术的基本原理类似于细胞内 DNA 的天然复制过程。在 DNA 聚合酶的催化下，以母链 DNA 为模板，以特定引物为延伸起点，以 4 种 dNTP（dATP、dTTP、dCTP、dGTP）为原料，通过变性、退火、延伸的重复循环，对模板 DNA 两引物结合位点之间的序列进行复制扩增（图 2-1）。

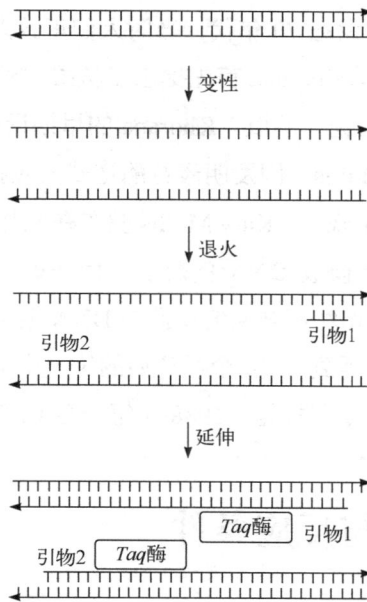

图 2-1　PCR 扩增原理示意图

PCR 技术的特异性取决于引物和模板 DNA 的特异性结合。整个反应分三步完成。①变性：在高温（95℃）下，DNA 双链中的氢键断裂，变性成为两条单链 DNA。②退火：反应体系温度降低至特定温度（寡核苷酸引物的解链温度 T_m 值左右或以下，一般为 40～60℃），使两条引物与单链 DNA 模板的互补区域结合，形成模板-引物双链；由于模板链分子较引物复杂得多，加之引物量大大超过模板 DNA 的数量，DNA 模板单链之间互补结合的机会很少。此外，两个引物在模板上结合的位置决定了扩增片段的长短。③延伸：反应体系温度升至聚合酶工作需要的合适温度（一般 Taq 聚合酶适宜的工作温度为 72℃），并维持一定时间，使反应体系中已结合到模板 DNA 链上的引物在 Taq DNA 聚合酶的作用下，以引物为合成起点，以 4 种脱氧核糖核苷酸（dNTP）为原料，按碱基互补配对原则沿 DNA 模板向 5′-3′方向延伸，合成新链 DNA。以上三步为一个循环，每一循环所产生的 DNA 均可作为下一循环的模板，每一次循环都可使引物间的特异性 DNA 片段拷贝数扩增一倍。因此，DNA 片段的数目呈 2 的指数级增加，一个分子的模板经过 n 个循环可得到 2^n 个拷贝产物，如经过 25 次循环后，则可产生 2^{25} 个拷贝数的特异性 DNA 片段，即 3.4×10^7 倍待扩增的 DNA 片段。但是，由于每次 PCR 的效率并非 100%，并且扩增产物中还有部分 PCR 的中间产物，所以 25 次循环后的实际扩增倍数为 $1 \times 10^6 \sim 3 \times 10^6$。

知识链接 PCR 的发明

PCR 的最初设想源于 20 世纪 70 年代，当时人们正致力于研究体外分离 DNA 的技术。1971 年，诺贝尔奖获得者 Khorana 首先提出了核酸体外扩增的设想。但由于当时很难进行测序和合成寡核苷酸引物，所以，Khorana 的早期设想被人们遗忘。

"PCR 之父"——Kary Mullis，因发明聚合酶链式反应技术而获得 1993 年诺贝尔化学奖。1983 年春夏之交的一个晚上，Kary Mullis 驱车在北加州 101 号高速公路上获得灵感，萌发了用两个引物去扩增模板 DNA 的想法。他开车的时候，瞬间感觉两排路灯就是 DNA 的两条链，自己的车和对面开来的车像是 DNA 聚合酶，面对面地合成着 DNA。同年 12 月 Mullis 用同位素法看到了 10 个循环后的第一个 PCR 片段。1985 年成功扩增出了 $HLA\text{-}DQa$ 基因，并获得专利批复。1988 年第一台 PCR 仪问世。

二、PCR 反应体系与反应条件

1. 反应体系

参与 PCR 反应的物质主要有模板 DNA、引物、酶、dNTP 和 Mg^{2+} 缓冲液。

（1）模板 DNA

PCR 对模板的用量和纯度要求相对较低，常规方法制备的 DNA 基本都能满足 PCR 的要求，但必须除掉 DNA 聚合酶抑制剂（如 SDS、氯仿、乙醇等）和其他杂质（如 RNA）。DNA 模板中过多的 RNA 污染会造成 RNA 与 DNA 的杂交或 RNA 与引物的杂交，导致特异性扩增效率的下降。在用 RNA 作为扩增模板时，需先将 RNA 逆转录为 cDNA，再以 cDNA 作为 PCR 反应的模板进行扩增反应。除了上述的 DNA 或 RNA 可用作模板外，PCR 还可以直接以细胞或细菌（如大肠杆菌）为模板。为保证扩增的效率和反应的特异性，大多数情况下仍需制备一定数量的模板 DNA（基因组 DNA 作为模板时浓度一般为 50～100 ng/L，质粒 DNA 作模板时浓度为 10 ng/L 左右）。

（2）引物

引物的序列特点及其与模板的特异性结合是决定 PCR 反应结果的关键，因此引物设计对 PCR 非常重要。如果引物设计不合理，PCR 的特异性和扩增效率都会降低。设计引物应遵循以下原则。

① 引物长度　一般以 15～30 bp 为宜。引物若太短，不易与模板结合；若太长，进行 PCR 时，与模板结合的时间需加长。

② 引物扩增长度　以 150～500 bp 为宜，无严格限定。

③ 引物碱基组成　引物中 GC 的含量最好占整个引物碱基数的 45%～55%，GC 比例过小导致引物与模板结合困难，扩增效果不佳；GC 比例过大易出现非特异性条带。A、T、C、G 尽可能随机分布，避免一连串的嘌呤或嘧啶核苷酸在一起。另外，引物的 3′端最好为 G 或 C，因为 GC 之间以 3 个氢键结合，其结合力较 2 个氢键的 AT 为强，故与模板的结合较为紧密，引导合成反应的效率也较高。

④ 避免两条引物间互补　两个引物的 3′端不能有互补序列，否则会相互结合形成引物二聚体，无法附着于模板上，影响扩增效率。

⑤ 避免引物自身互补　引物内的碱基不能自相配对，否则会形成发夹结构，无法与模板结合，使 PCR 产率降低。

⑥ 引物 3′端的 2 个碱基应严格配对　引物的 5′端可加上合适的酶切位点。5′端通常可多加几个碱基，若多出的序列是某个限制性内切酶的辨认序列，此 PCR 产物就可被该限制性内切酶作用，利于酶切分析或分子克隆。

⑦ 引物的特异性　将引物与核酸序列数据库进行比对检查，确保与其他无关序列无明显同源性。例如若要扩增胰岛素基因，所设计的引物一定要保证只能黏附至胰岛素基因上。

⑧ 引物量　PCR 反应中引物的终浓度一般为 0.1～0.5 μmol/L，引物浓度过高会引起错配和非特异性扩增，且增加引物二聚体形成的概率。

（3）酶

DNA 聚合酶的选择对 PCR 至关重要。最初 Mullis 使用的是大肠杆菌 DNA 聚合酶 I 的 Klenow 片段，由于该酶不耐热，在 PCR 反应中热变性时会失活，需要在每一轮循环后添加新鲜的 Klenow 酶，从而给 PCR 技术的操作增加了困难。1969 年，美国微生物学家托马斯·布洛克在黄石国家公园发现了生长于 70～75℃ 的水生嗜热菌。1976 年，华裔女科学家钱嘉韵从黄石国家公园的嗜热菌 *Thermus Aquaticus*（*Taq*）中成功分离出热稳定的 DNA 聚合酶。这种酶被命名为 *Taq* DNA 聚合酶，最适温度为 72℃。直至 1988 年，Saiki 等将耐热 DNA 聚合酶（*Taq*）引入了 PCR 技术。

目前 PCR 中所采用的 DNA 聚合酶多为大肠杆菌合成的基因工程酶（也有从栖热水生杆菌中提纯的天然酶），都是耐热的。但在使用方面需考虑酶的扩增保真性、聚合速度、扩增长度和半衰期等。酶的浓度过高可引起非特异性扩增，浓度过低则合成产物量少（可按照说明书的指导用量使用）。

（4）dNTP

典型的 PCR 反应中，dNTP 应为 50～200 μmol/L。浓度过低会降低 PCR 产物量，过高降低扩增的特异性。

（5）Mg^{2+} 缓冲液

PCR 反应中，Mg^{2+} 浓度为 1.5～2.0 mmol/L。浓度过高会降低反应的特异性，导致非目的条带出现；浓度过低会降低 DNA 聚合酶的活性，导致反应产物量少。

综上，PCR 的反应体系主要由模板 DNA、*Taq* DNA 聚合酶、引物、4 种 dNTP 和缓冲液（含 Mg^{2+}）组成。反应液的配制要根据 PCR 待扩增的体积，算出反应体系中每种成分需要添加的量，然后在冰上将每个成分按需要量逐个添加到反应管中，最好最后添加 *Taq* 酶到反应体系。全部成分添加后将反应液混匀并收集于反应管底后即可置于 PCR 仪进行 DNA 的扩增反应。

根据多年的实践经验，现已形成一个标准的 PCR 反应体系。反应体系一般选用 25～100 μL 的体积。具体如表 2-2 所示。

表 2-2　PCR 反应体系中各成分及其含量

组成	含量
Taq DNA 聚合酶	0.025～0.05 U/μL
模板 DNA	50～100 ng/L
4 种 dNTP	50～200 μmol/L
上、下游引物	各 0.1～0.5 μmol/L
Mg^{2+}	1.5～2.0 mmol/L

2. 反应条件

PCR 反应条件主要涉及温度、时间和循环次数。

(1) 变性温度与时间

模板 DNA 和中间产物充分变性是 PCR 反应成败的关键。一般情况下，93～95℃ 30 s 可使模板 DNA 变性。若低于 93℃ 则需延长变性时间，但温度不能过高，否则高温环境会影响酶的活性。若此步不能使 DNA 模板或产物解链完全，则会导致 PCR 失败。解决办法是在 PCR 反应开始时，先设定并执行预变性处理（通常为 95℃、2 min）然后再进入 PCR 循环。

(2) 退火温度与时间

退火温度是影响 PCR 反应特异性的重要因素。变性后，温度快速降至 40～60℃，可使引物和模板发生特异性结合。退火温度与时间，取决于引物的长度、碱基组成及其浓度。引物长度越短，G、C 含量越低，所需的退火温度就越低。降低退火温度可提高产物量，但错配概率高，非特异性扩增多；提高退火温度可提高特异性，但会导致扩增效率降低甚至无扩增产物出现。引物退火温度通过 $T_m = 4 \times (G+C) + 2 \times (A+T)$ 粗略计算，退火温度一般为 (T_m-5) ℃，时间一般为 30～60 s。

(3) 延伸温度与时间

延伸温度取决于 *Taq* DNA 聚合酶的最适温度（70～75℃），通常选择温度 72℃，过高的延伸温度不利于引物和模板的结合。延伸反应的时间根据待扩增片段的长度而定，最适温度下普通聚合酶对核苷酸的聚合率为 35～100 个核苷酸/s，故延伸 1 min 对 2 kb 的扩增片段已足够。延伸时间过长会导致非特异性扩增带的出现。

(4) 循环次数

循环次数决定 PCR 扩增程度。通常情况下 PCR 循环次数主要取决于反应体系中最初的模板 DNA 浓度。循环次数过多会增加非特异性产物量及碱基错配数，循环次数太少则影响正常的 PCR 产物量，一般循环次数介于 25～35 之间。为防止有些合成的 DNA 因聚合时间不够未达到预定的长度，PCR 扩增主循环结束后，往往程序设定上会增加一个再延伸程序予以弥补。

将 PCR 反应管置于 PCR 仪中，并设置各反应参数。常用的 PCR 反应程序见表 2-3。

表 2-3　PCR 反应程序

反应步骤	反应温度	反应时间	循环次数
预变性	93～95℃	1～2 min	1 个循环
变性	94℃	30 s	
退火	40～60℃	30 s	25～30 个循环
延伸	72℃	30～60 s	
后延伸	72℃	5 min	1 个循环

三、PCR 扩增产物分析

PCR 产物是否正确，是否为特异性扩增，需对其进行分析与鉴定。根据研究对象和实验目的不同，而采用不同的分析方法。

1. 凝胶电泳分析

将 PCR 产物进行凝胶电泳，溴化乙锭（EB）染色，紫外线下观察，初步判断产物的特异性。一般可分为两种：

（1）琼脂糖凝胶电泳

根据扩增片段的大小，将适当浓度（通常应用 1%～2%）的琼脂糖制成凝胶，取 PCR 扩增产物 5～10 μL 点样于凝胶孔中，EB 染色电泳。紫外线下观察，成功的 PCR 扩增可得到分子量均一的一条带，对照标准分子量谱带对 PCR 产物条带进行分析。

（2）聚丙烯酰胺凝胶电泳

6%～10%聚丙烯酰胺凝胶电泳分离效果比琼脂糖好，分辨率更高，条带比较集中。

2. 分子杂交

分子杂交包括斑点杂交、Southern 印迹杂交和微孔板夹心杂交等。分子杂交是检测 PCR 产物特异性的有力证据，也是检测 PCR 产物碱基突变的有效方法。

3. 酶切分析

选择适当的限制性内切酶对 PCR 产物酶切，之后再进行电泳，通过分析电泳图谱可以判断出扩增产物的特异性和是否存在突变等。

4. 核酸序列分析

对 PCR 产物进行测序，将结果与已知序列做比对，分析其同源性。该方法是检测 PCR 产物特异性的最可靠方法，但成本较高，时间相对较长。

四、PCR 常见问题

1. 假阴性

（1）模板 DNA

模板 DNA 溶液中含有蛋白质或/和 *Taq* DNA 酶的抑制剂或/和酚较多；提取过程中 DNA 的丢失过多导致模板 DNA 溶液的浓度低；模板 DNA 变性不彻底，PCR 进行不完全。

（2）酶

酶失活或活力减弱也可能会导致 PCR 反应的失败。可更换新酶，或新旧两种酶进行对比，以判断是否是因酶活导致的假阴性。

（3）引物

引物设计不合理、引物降解、引物浓度不够、合成质量不高等都会导致 PCR 失败。

2. 假阳性

（1）引物

引物特异性不够强，引物扩增的序列与非目的序列有同源性，因而 PCR 时易扩增出非目的序列。另外，靶序列太短或引物太短也易出现假阳性。

（2）模板或扩增产物的交叉污染

模板 DNA 或 PCR 产物通常分子数非常高，当打开试管时，有部分 DNA 会挥发到空气中，形成气溶胶，而污染另一个 PCR 反应管使之变成假阳性。为避免污染发生，可将 DNA 模板制备、PCR 扩增、产物分析检测等三个步骤分别在不同的实验室进行。另外，操作应小心轻柔，防止将靶序列吸入加样枪或溅出反应管。最好能使用具有滤嘴的吸头，以避免 PCR 产物进入微量吸管中。实验开始前，反应管和试剂用紫外线照射，以破坏存在的核酸。可设置对照组。如果不加模板的试剂对照组得到阳性反应，表示试剂受到污染。

3. 非特异性扩增条带

PCR 扩增后出现的条带与预计的大小不一致，或大或小，或者同时出现特异性扩增条带与非特异性扩增条带。非特异性条带出现的原因：一是引物与靶序列不完全互补或引物聚合形成二聚体；二是与 Mg^{2+} 浓度过高、退火温度过低及 PCR 循环次数过多有关；三是酶的质和量，往往一些来源的酶易出现非特异性条带而另一来源的酶则不出现，酶量过多有时也会出现非特异性扩增。其对策有：必要时重新设计引物；降低酶量或调换另一来源的酶；降低引物量，适当增加模板量；减少循环次数；适当提高退火温度或采用二温度点法（93℃变性，65℃左右退火与延伸）。

4. 出现片状拖带或涂抹带

PCR 扩增有时出现涂抹带或片状带或地毯样带，其往往由于酶量过多或酶的质量差、dNTP 浓度过高、Mg^{2+} 浓度过高、退火温度过低、循环次数过多引起。其对策有：减少酶量或换另一来源的酶；降低 dNTP 的浓度；适当降低 Mg^{2+} 浓度；增加模板量；减少循环次数。

技能训练

实训 5　PCR 法检测玉米中的转基因成分

任务目的

1. 掌握 PCR 扩增的基本操作技术及 PCR 产物的琼脂糖凝胶电泳检测方法。

2. 学会 PCR 仪的使用方法。

任务描述

本实训参照国家标准农业部公告第 1782 号《转基因植物及其产品成分检测调控元件 CaMV 35S 启动子、FMV 35S 启动子、NOS 启动子、NOS 终止子和 CaMV 35S 终止子定性 PCR 方法》设计。根据国内外商业化转基因作物中普遍使用的调控元件情况，针对调控元件 NOS 终止子合成一对与其特异性互补的寡核苷酸引物，对玉米样品进行 PCR 扩增。该引物分别与目的基因的上游和下游部位特异性结合，通过高温变性、低温退火和适温延伸三个步骤反复的热循环，每循环一次使引物间的目的基因拷贝数扩增一倍，PCR 产物以 2^n 的指数形式迅速扩增，经过 25~30 个循环后，一般可使目的基因扩增 10^6~10^7 倍。依据是否扩增获得预期的 DNA 片段，判断玉米样品中是否含有调控元件 *NOS* 终止子的外源调控元件成分。

任务准备

1. 器材

PCR 仪、台式离心机、微量移液器、枪头、PCR 反应管、反应管架、琼脂糖凝胶电泳设备、凝胶成像系统、废液杯、小镊子、记号笔等。

2. 试剂

① *Taq* DNA 聚合酶

② 模板 DNA

③ 引物（目的片段长度 180 bp）

> NOS-F：5′-GAATCCTGTTGCCGGTCTTG-3′
>
> NOS-R：5′-TTATCCTAGTTTGCGCGCTA-3′

④ dNTP

⑤ 10×PCR 缓冲液（含 Mg^{2+}）

⑥ 双蒸水

⑦ 琼脂糖

⑧ 0.5×TAE 电泳缓冲液

⑨ 溴化乙锭溶液

⑩ 6×上样缓冲液

⑪ DNA 标记（Marker）

任务实施

```
            ┌──────────┐
            │  样本处理  │
            └────┬─────┘
                 ↓
            ┌──────────┐
            │  DNA提取  │
            └────┬─────┘
                 ↓
┌────────┐  ┌────────────┐  ┌────────┐  ┌──────────────┐
│ 引物稀释 │→│ 准备PCR反应液 │→│ PCR扩增 │→│ PCR产物检测 │
└────────┘  └────────────┘  └────────┘  └──────────────┘
```

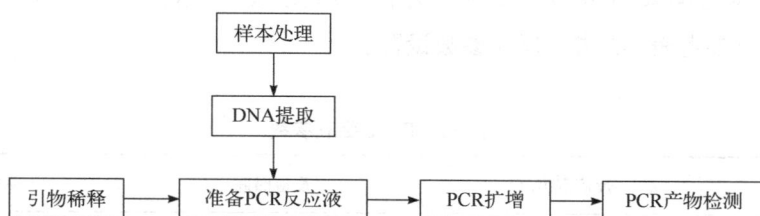

1. 样本处理及模板 DNA 的提取

模板 DNA 可以从不同的样本中获取，如植物叶子、果实、植物油等。各种来源的样本需要经过适当处理，以使 DNA 分子充分暴露及去除抑制 PCR 反应的成分。本节可用模块一实训 1 所提取的 DNA 为模板 DNA。

2. 引物稀释

公司合成的引物通常为干粉，为避免干粉的散失，使用前应离心，然后再轻轻打开管盖溶解。通常用 TE 溶液或双蒸水进行引物稀释，终浓度为 10 μmol/L。

3. PCR 反应体系的配制

按表 2-4 配制 25 μL 反应体系。尽量在冰上进行操作，并按从上到下的顺序依次加入无菌的 0.2 mL PCR 反应管内。

表 2-4　PCR 反应体系配制

	组分	10×PCR 缓冲液	dNTP	上游引物 (10 μmol/L)	下游引物 (10 μmol/L)	模板 DNA (25 mg/L)	Taq DNA 聚合酶	双蒸水
PCR	终浓度	1×	各 0.2 mmol/L	0.4 μmol/L	0.4 μmol/L	2 mg/L	0.025 U/μL	
	实验组	2.5 μL	2.0 μL	1.0 μL	1.0 μL	2.0 μL	—	补足至 25.0 μL
	对照组	2.5 μL	2.0 μL	1.0 μL	1.0 μL	0	—	

在试样 PCR 反应的同时，应设置阴性对照、阳性对照和空白对照。根据样品特性或检测目的，以所检测植物的非转基因材料基因组 DNA 为阴性对照；以含有对应调控元件的质量分数为 0.1%～1.0% 的转基因植物基因组 DNA（或采用对应调控元件与非转基因植物基因组相比的拷贝数分数为 0.1%～1.0% 的 DNA 溶液）作为阳性对照；以水作为空白对照。各对照 PCR 反应体系中，除模板外，其余组分及 PCR 反应条件与试样反应管相同。

4. 离心

振荡混匀，短时离心。

5. 开始反应

将 PCR 反应管插入 PCR 仪的反应模块中，按要求设计反应程序，并开始运行，2～3 h 后反应结束。可参考表 2-5 进行反应参数设置。

表 2-5　PCR 反应参数

反应步骤	反应温度/℃	反应时间	循环次数
预变性	94	5 min	1
变性	94	30 s	
退火	60	30 s	35
延伸	72	30 s	
后延伸	72	7 min	1

6. 琼脂糖凝胶电泳分析 PCR 结果

① 琼脂糖凝胶制备：制备 30 mL 1.5% 琼脂糖凝胶，高温熔化冷却后倒板。

② 取 5 μL PCR 产物与 1 μL 6× 上样缓冲液混合，用移液器将样品混合液依次加入凝胶样品槽内。在另一孔加入 DNA 标记同时进行电泳，以便检查扩增产物片段的大小。

③ 电泳缓冲液为 0.5×TBE，盖上电泳槽，以电压 100 V 左右电泳 30～45 min。

④ 电泳结束后取出凝胶，在凝胶自动成像系统下拍照，进行结果分析。

注意事项

① PCR 的灵敏度较高，极微量的污染也可能导致 PCR 的假阳性结果。因此，PCR 反应环境应洁净、没有 DNA 污染。为了防止污染，实验要分区操作。a. 第一区：样本制备区。b. 第二区：模板添加区。c. 第三区：扩增及产物分析区。分区之间最好进行物理性隔离，避免人为因素造成的污染。

② PCR 试剂的配制应使用高质量的无菌双蒸水（经 0.22 μm 的滤膜过滤除菌或高压灭菌）。实验过程用一次性的塑料瓶和离心管，玻璃器皿需洗涤干净并经高压灭菌。

③ 试剂首先以大体积配制，使用前要完全解冻，但应避免反复冻融，推荐使用前离心 30 s，并按检测频次将反应液以适当体积分装保存。

④ 所有试剂都应防止核酸和核酸酶的污染。实验过程中穿戴工作服和一次性手套，不同区域独立使用工具。配制反应体系使用专用移液器，使用一次性吸头。

⑤ 同时操作多份样品时，可先制备反应混合液，先将 dNTP、缓冲液、引物和酶混合好，然后分装，这样既可以减少操作，避免污染，又可以增加反应的精确度。

⑥ 为避免气溶胶污染，打开 PCR 反应管时应注意避免反应液飞溅，可于开盖前瞬时离心收集液体于管底。反应结束后，扩增管应置于密封袋内丢弃，当日清理。

⑦ PCR 实验应设置阴性对照反应，以排除污染。

⑧ PCR 样品和试剂均应在冰上化开，使用前充分混匀。

任务结果与评价

① 根据 DNA 标记判断扩增片段大小，从而分析电泳结果是否为目标条带（图 2-2）。

② 根据条带宽度和亮度，判断 PCR 扩增产物的多少（图 2-2）。

③ 分析结果是否有假阴性、假阳性、引物二聚体及非特异性扩增产物。

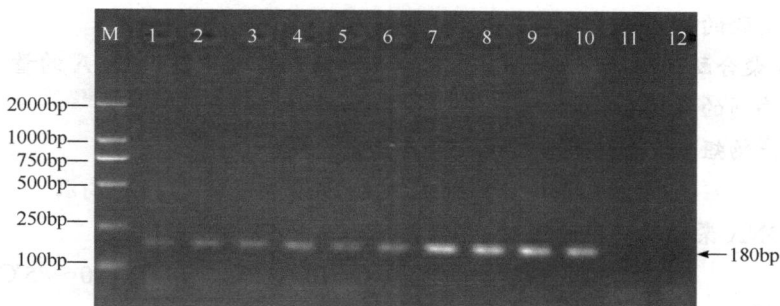

图 2-2 琼脂糖凝胶电泳分析 PCR 结果

M 为 DNA 分子量标记，1~12 为 PCR 反应产物

任务结束后，完成《学生技能训练手册》考评工单。

工作反思

1. 退火温度如何计算？

2. PCR 产物电泳条带出现弥散现象的原因可能有哪些？

3. PCR 的影响因素有哪些？

📑 知识小结

1. PCR 技术。创建于 1983 年的一种 DNA 体外扩增技术。可在体外实现几小时内微量目的基因的百万倍扩增。该技术操作简单、易掌握、结果较为可靠，极大地推动了生命科学的发展。该技术的发明者 Kary Mullis 于 1993 年获得诺贝尔奖。

2. PCR 反应。PCR 是在 DNA 聚合酶的催化下，以 DNA 双链为模板，以引物为延伸起点，以 4 种脱氧核苷三磷酸（dNTP）为原料，通过高温变性、低温退火和适温延伸 3

个步骤的循环反应，体外复制出大量目的基因的过程。

3. PCR 反应中影响反应的主要因素有：模板 DNA、引物、DNA 聚合酶、buffer、dNTP。

? 能力测验

一、选择题

1. 有关 PCR 的描述，错误的是（　）。

A. PCR 反应是一种酶促反应　　　　　　B. 一般选用 94℃进行模板变性

C. 扩增的对象是 DNA 序列　　　　　　D. 扩增的对象是氨基酸

2. PCR 实验的特异性主要取决于（　）。

A. DNA 聚合酶的种类　　　　　　　　B. 反应体系中模板 DNA 的量

C. 引物序列的结构和长度　　　　　　D. 4 种 dNTP 的浓度

3. PCR 产物短期存放的最佳温度条件是（　）。

A. 4℃　　　　　　B. 常温　　　　　　C. −80℃　　　　　　D. 高温

4. *Taq* DNA 聚合酶的最适温度是（　）。

A. 37℃　　　　　B. 50～55℃　　　　C. 70～75℃　　　　D. 80～85℃

二、判断题

1. PCR 中的引物是一小段同 DNA 互补的 RNA 分子。

2. PCR 反应的循环过程包括变性、退火和延伸。

3. PCR 具有特异性、高效性和操作简单等特点。

项目二

荧光定量 PCR 技术

随着科学技术的发展，以转基因大豆为首的转基因作物发展迅猛。2013 年全世界转基因大豆播种面积已占大豆总播种面积的 81%，转基因大豆的种植地主要集中在美洲地区，其中最大的大豆出口国美国转基因大豆种植比例为 95%，而阿根廷、巴西几乎全部种植转基因大豆。在全球大豆贸易中，主要是转基因大豆的进出口贸易。我国 1997 年开始进口转基因大豆，最新统计数据显示，2019 年中国总计进口大豆 8551.1 万吨（绝大部分为转基因大豆），我国已是世界第一大豆进口国。转基因技术的出现带来了外源基因安全性及环境安全性两个问题，但转基因技术的应用与推广是科技和社会经济发展的趋势，所以转基因食品的安全是今后重点跟踪的研究方向。建立对转基因大豆的检测监督标准体系不仅是对消费者的知情权和选择权的尊重与保护，更是食品安全有效监管的需求。目前，国内外转基因产品检验方法主要有两种，第一种是以核酸为检测目标物的方法，包括 PCR 法、芯片法等；第二种是以特定的表达蛋白为目标物的检测方法，包括蛋白质电泳、酶联免疫分析技术（ELISA）等。

荧光定量 PCR 是一种定量 PCR 检测方法，在转基因产品检测上已得到广泛应用。主要有非特异性染料结合和荧光探针标记两种方法。目前应用较多的是 TaqMan 探针法，是在定性 PCR 的基础上添加一条标记两个荧光基团的探针，探针的 5'端标记荧光剂，3'端标记猝灭剂，二者可以发生荧光共振能量传递。在探针完整时，发射基团的荧光信号被猝灭基团吸收，检测系统检测不到荧光信号。当 PCR 扩增时，*Taq* 酶的 5'-3'外切酶活性将探针酶切降解，使荧光发射基团和猝灭基团分离，从而使荧光检测系统可以接收到荧光信号，每扩增一条 DNA 链，就有一个荧光分子形成，实现了荧光信号的累积与 PCR 产物形成的完全同步，从而实现定量。到目前为止，实时荧光定量 PCR 技术被认为是转基因植物及其产品定量（性）检测最有效的检测方法。作为转基因安全检测部门，此次的任务是利用荧光定量 PCR 技术检测大豆制品中转基因成分的含量。

必备知识

荧光定量 PCR 是美国 PE（Perkin Elmer）公司 1996 年研制出来的一种新的核酸定量

技术。该技术是在 DNA 扩增反应中，以荧光化学物质含量来测定每次 PCR 循环后产物总量的方法。通过内参或者外参法对待测样品中的特定 DNA 序列进行定量分析的方法。荧光定量 PCR 是在 PCR 扩增过程中，通过荧光信号，对 PCR 进程进行实时检测。由于在 PCR 扩增的指数时期，模板的 C_t 值和该模板的起始拷贝数存在线性关系，所以成为定量的依据。

一、荧光定量 PCR 技术基本原理

随着 PCR 反应的进行，反应产物不断累计，荧光信号强度也等比例增加。每经过一个循环，收集一个荧光强度信号，最终通过荧光强度变化监测产物量的变化，从而得到一条荧光扩增曲线图。

一般而言，荧光扩增曲线可以分成三个阶段：荧光背景信号阶段、荧光信号指数扩增阶段和平台期。在荧光背景信号阶段，扩增的荧光信号被荧光背景信号所掩盖，无法判断产物量的变化。而在平台期，扩增产物已不再呈指数级的增加，PCR 的终产物量与起始模板量之间没有线性关系，根据最终的 PCR 产物量也不能计算出起始 DNA 拷贝数。只有在荧光信号指数扩增阶段，PCR 产物量的对数值与起始模板量之间存在线性关系，我们可以选择在这个阶段进行定量分析。为了定量和比较的方便，在实时荧光定量 PCR 技术中引入了两个非常重要的概念：荧光阈值和 C_t 值（图 2-3）。

荧光阈值：是在荧光扩增曲线上人为设定的一个值，它可以设定在荧光信号指数扩增阶段任意位置上，但一般荧光阈值的缺省设置是 PCR 反应前 3～15 个循环荧光信号标准偏差的 10 倍。

C_t 值：是指每个反应管内的荧光信号到达设定阈值时所经历的循环数。

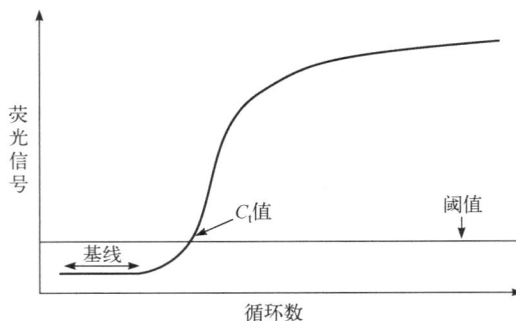

图 2-3　C_t 值和阈值

每个模板的 C_t 值与该模板起始拷贝数的对数存在线性关系，起始拷贝数越多，C_t 值越小。利用已知起始拷贝数的标准品可作出标准曲线，其中横坐标代表起始拷贝数的对数，纵坐标代表 C_t 值如图 2-4 所示。因此，只要获得未知样品的 C_t 值，即可从标准曲线上计算出该样品的起始拷贝数。

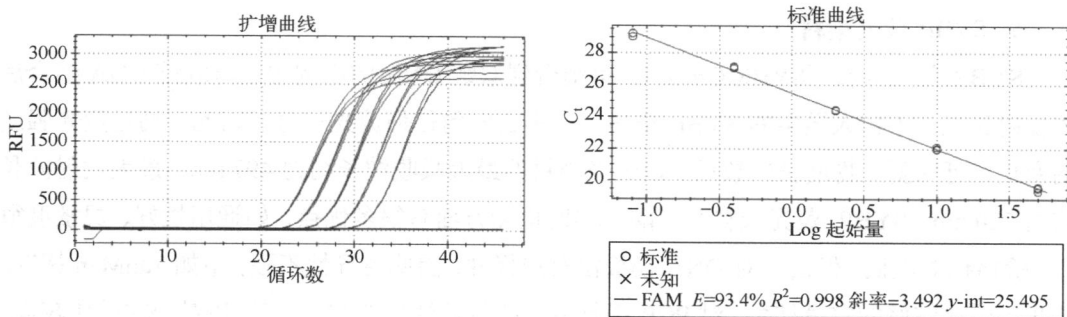

图 2-4　标准品扩增曲线曲线

荧光定量 PCR 技术中还有几个重要概念：

1. 基线

实时荧光定量 PCR 反应早期，产物激发的荧光信号与背景荧光没有明显区别。随着产物量的增加，产物荧光信号不断积累增强，一般在 PCR 反应处于指数期的某一点时就可区别检测到产物积累的荧光强弱。

2. 扩增曲线

PCR 在循环若干次后，由于原料 dNTP 的分解、酶的活性减小等因素的影响，扩增产物的量会进入一个恒定的平台期，使循环数和扩增产物量之间呈现出"S"形的曲线，这就是扩增曲线。扩增曲线进入平台期的早晚与起始模板量呈正相关。

3. 标准曲线

由于每个模板的 C_t 值与该模板起始拷贝数的对数存在线性关系，因此，对标准品进行梯度稀释后，就可作出 DNA 模板与对应 C_t 值之间的线性关系图，这就是标准曲线。在试验中只要获得未知样品的 C_t 值，即可从标准曲线得到的线性方程式中计算出该样品的起始拷贝数，从而对其进行定量分析。

4. 熔解曲线

熔解曲线是用来检测 PCR 扩增的特异性和重复性的曲线。一般熔解曲线出峰温度在 80~85℃之间，熔解曲线峰单一，说明 PCR 扩增的特异性高且重复性好。如果熔解曲线峰不单一，说明有非特异性扩增。

二、荧光标记方式

通过一定方式的荧光标记，其荧光强度可以反映 PCR 产物的数量或特定 PCR 产物的数量，主要有 3 种荧光标记方式。

1. SYBR 荧光染料

SYBR 荧光染料（SYBR Green I）可结合到双链 DNA 的小沟中，与双链 DNA 结合后才发射荧光，不掺入链中的 SYBR 染料分子不会发射任何荧光信号。因此，通过荧光强度的变化，可探测产物增长的数量。该荧光染料的最大吸收波长约为 497 nm，最大发射波长约为 520 nm。SYBR 荧光染料在核酸的实时检测方面有很多优点，如通用性好、灵敏度很高、价格相对较低。但由于对 DNA 模板没有选择性，因此特异性不强，不如 TaqMan 探针。要想得到比较好的定量结果，对 PCR 引物设计的特异性和 PCR 反应的质量要求就比较高，如图 2-5 所示。

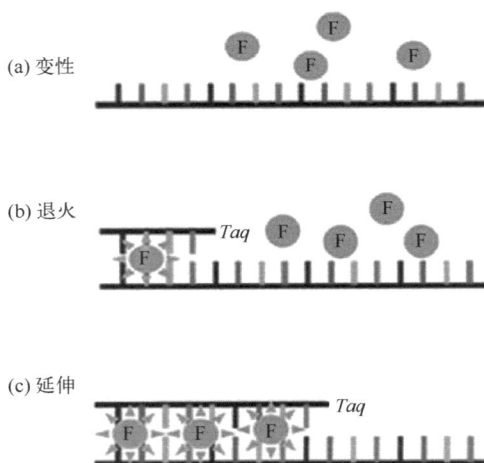

图 2-5　SYBR 荧光染料工作原理

2. 水解探针（TaqMan 探针）

TaqMan 探针是一种寡核苷酸探针，其序列对应于待扩增的目标 DNA 内部的序列。其在 5′末端连接一个荧光基团（Reporter, R），而在 3′末端连接一个荧光猝灭剂（Quencher, Q）。当完整的探针处于游离或与目标序列配对时，荧光基团与猝灭剂接近，发射的荧光被猝灭剂吸收，荧光强度很低。但在进行 PCR 延伸反应时，Taq DNA 聚合酶的 5′外切酶活性将探针进行酶切，使得荧光基团与猝灭剂分离，荧光基团便可激发出荧光。每扩增一条 DNA 链，就有一个荧光分子形成，实现了荧光信号的累积与 PCR 产物形成完全同步。随着扩增循环数的增加，释放出来的荧光基团不断积累，而且所发射的荧光强度直接与 PCR 扩增产物的数量呈正比关系，如图 2-6 所示。

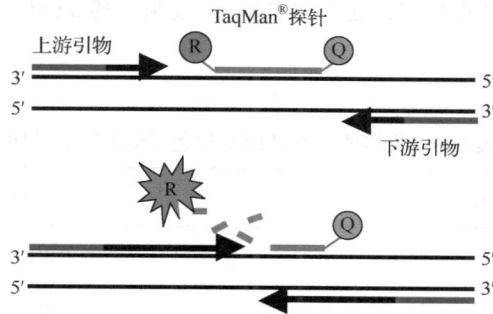

图 2-6　TaqMan 探针工作原理

TaqMan 探针工作方式可应用于定量起始模板浓度、基因型分析、产物鉴定以及单核苷酸多态性（SNP）分析。其对目标序列特异性很高，特别适合于 SNP 检测，与发夹型杂交探针相比，设计相对简单。但是，使用成本较高，只适合于一个特定的目标，且不能进行熔解曲线分析。

3. 发夹型杂交探针

发夹型杂交探针也是加入了荧光基团和猝灭基团的探针，又称"分子信标"。但在结构上是环状的寡核苷酸探针，由茎部和环部组成，其中茎由互补配对的序列组成，环与目标序列完全配对。探针分子的两端分别标记荧光报告基团和荧光猝灭基团，在无靶序列的情况下，探针始终是环状，报告基团的荧光被猝灭基团猝灭，检测不到荧光信号。当探针与靶序列结合后，荧光基团和猝灭基团分开，从而产生荧光，荧光信号的强弱代表了靶序列的多少（图 2-7）。发夹型杂交探针可用于定量起始模板浓度、基因型分析、鉴定产物和单核苷酸多态性（SNP）检测。其优点在于对目标序列有很高的特异性，是用于 SNP 检测的最灵敏的试剂之一，荧光背景低。但探针的设计困难，无终点分析功能，只能用于一个特定的目标，价格较高。

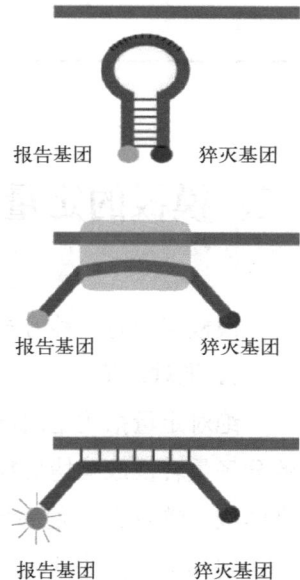

图 2-7　发夹型杂交探针的结构和工作原理

除了上述 3 种荧光标记方式外，还有其他标记方式。常用的荧光基团及与之匹配的猝灭基团见表 2-6。定量 PCR 在模板 DNA 起始浓度的定量分析，基因表达的定量分析，点突变分析，等位基因分析，单核苷酸多态性的分析，疾病有关基因甲基化检测，传染性疾病定量定性分析等方面发挥了重要作用。PCR 技术还广泛用来对 DNA 进行诱变，通过设计特定的引物介导定点诱变；将 PCR 技术应用于核苷酸序列测定可简化常规测序的操作程序，并带来创造性的改进；通过细胞或组织做原位 PCR 可检测目标 DNA 的定位。

表 2-6　常用的荧光基团及与之匹配的猝灭基团

荧光报告基团种类	猝灭基团种类
6-FAM	BHQ-1、TAMRA
JOE	BHQ-1、TAMRA
TET	BHQ-1、TAMRA
HEX	BHQ-1、TAMRA
TAMRA	BHQ-2
Cy3	BHQ-2
ROX	BHQ-2
Cy5	BHQ-3

三、模板的定量方式

模板定量有两种方式，分别为绝对定量和相对定量。

1. 绝对定量

绝对定量指的是用已知拷贝数的标准品(可根据 260 nm 的吸光度值并用 DNA 或 RNA 的分子量转换成其拷贝数来确定) 与样品同时进行 PCR 扩增，根据标准品的 C_t 值制作标准曲线，样品的 C_t 值同标准曲线进行比较，从而测算出样品中初始模板的量。如果想要明确得到样本中目的基因的初始浓度，则应使用绝对定量法。

2. 相对定量

相对定量的计算有两种方法：

（1）标准曲线法的相对定量法

相对定量指的是在一定样本中靶序列相对于某个参照物的量而言的，因此相对定量的标准曲线比较容易制作，对于所用的标准品只要知道其相对稀释度即可。在整个实验中，样本靶序列的量来自标准曲线，最终除以参照物的量，即参照物是 1 的样本，其他样本为参照物量的 n 倍。在实验中为了标准化加入反应体系的 DNA 或 cDNA 时，往往会同时扩增一内源控制物，如在基因表达研究中，内源控制物常为一些管家基因。

(2) 比较 C_t 值的相对定量法

C_t 值比较法与标准曲线相对定量的区别是利用数学公式来计算某个待测基因在不同样本中的相对表达量。前提是假设每个循环增加一倍的产物数，在 PCR 反应的指数期得到 C_t 值来反映起始模板的量。其计算公式是：相对含量=$2^{-\Delta\Delta C_t} \times 100\%$，公式中 C_t 是仪器检测到反应体系中荧光信号的强度值，$2^{-\Delta\Delta C_t}$ 表示实验组目的基因的表达相对于对照组的变化倍数。此方法是以靶基因和内源控制物的扩增效率基本一致为前提的，否则会影响定量结果的准确性。

> ## 知识链接 荧光定量 PCR 的技术发明
>
> 　　1992 年，日本学者 Higuchi 首次在报告中提出实时定量 PCR 技术，目的是观察 PCR 的整个反应过程。他最先想到将 EB 作为标记染料，利用 EB 可以与双链核酸结合的特点，在 PCR 退火或延伸阶段检测掺入双链核酸中 EB 的含量，利用加入的标准品，结合 PCR 的数学函数关系，就可以准确定量样品中的靶基因。1996 年，世界上第一台荧光定量 PCR 仪诞生，该设备由荧光定量系统和计算机组成。
>
> 　　技术发展：从单一的染料染色法发展到特异性更高的探针法；从最初的只能检测单一波长光源发展到可以检测多种波长光源。

四、荧光定量 PCR 常见问题

理想的荧光定量 PCR 熔解曲线出现单一峰，扩增特异性高，扩增 "S" 型典型曲线，C_t 值较早出现。

1. 荧光定量 PCR 实验中无 C_t 值出现

① 反应的循环数不够：一般要在 35 个循环以上，但是过多的循环次数可增加背景值。

② 检测荧光信号的步骤有误：SYBR Green 法采用的是 72℃延伸时采集荧光信号，TaqMan 探针法则是在退火结束或延伸结束时进行信号采集。

③ 引物或探针降解：可通过 PAGE 电泳检测其完整性，若是电泳条带呈弥散状，可

考虑重新合成引物或探针。

④ 模板量不足：对未知浓度的样品应从系列稀释样本的最高浓度做起。

⑤ 模板降解：避免样品制备中杂质的引入及反复冻融的情况。

⑥ 序列或者引物有误：检测样品中不含有待检测基因。

2. C_t 值出现过晚（$C_t > 38$）

① 扩增效率低：优化反应条件；设计更好的引物或探针；改用三步法进行反应等。

② 模板降解或模板浓度太高。

③ 试剂灵敏度不好：更换更高灵敏度、抗干扰的试剂。

④ 检测基因结构复杂：高 GC、复杂二级结构和长片段模板，都会影响 PCR 扩增。

⑤ 扩增产物太长：一般采用 80~150 bp 的产物长度。

3. 扩增效率低

① 引物或探针不佳：重新设计更好的引物和探针。

② 反应试剂中部分成分特别是荧光染料降解。

③ 反应条件不够优化：可调整退火温度或改为三步扩增法。

④ 反应体系中有 PCR 反应抑制物：一般是加入模板时所引入，应先把模板适度稀释，再加入反应体系中，减少抑制物的影响。

4. 熔解曲线不止一个主峰

① 引物设计不够优化：应避免引物二聚体和非特异性扩增出现。

② 同源性比较高：被检测基因在待检测样品有同源性较高的序列。

③ 模板有基因组的污染：RNA 提取过程中避免基因组 DNA 的引入，或通过引物设计避免非特异扩增。

5. 标准曲线线性关系不佳

① 加样/稀释误差：使标准品不呈梯度。

② 标准品出现降解：应避免标准品反复冻融，或重新制备并稀释标准品。

③ 引物或探针不佳：重新设计更好的引物和探针。

④ 模板中存在抑制物，或模板浓度过高。

6. 阴性对照有信号

① 引物设计不够优化：应避免引物二聚体和发夹结构的出现。

② 模板有基因组的污染：RNA 提取过程中避免基因组 DNA 的引入，或通过引物设计避免非特异扩增。

③ 实验器材污染：移液器、水、枪头或者荧光定量 PCR 孔内有荧光污染。

实训 6　荧光定量 PCR 法检测大豆中的转基因成分

任务目的

1. 掌握荧光定量 PCR 的扩增基本操作技术及 PCR 产物的琼脂糖凝胶电泳检测方法。
2. 学会荧光定量 PCR 仪的使用方法。

任务描述

本实训严格按照国家标准《转基因产品通用检测方法》（GB/T 38505—2020）设计。荧光定量 PCR 扩增时在加入一对引物的同时加入一个特异性的 TaqMan 荧光探针，该探针为一寡核苷酸，两端分别标记一个报告荧光基团和一个猝灭荧光基团。探针完整时，报告基团发射的荧光信号被猝灭基团吸收；刚开始时，探针结合在 DNA 任意一条单链上；扩增时，*Taq* 酶的 5′-3′端外切酶活性将探针酶切降解，使报告荧光基团和猝灭荧光基团分离，从而使荧光监测系统可接收到荧光信号，即每扩增一条 DNA 链，就有一个荧光分子形成，实现了荧光信号的累积与 PCR 产物形成完全同步。

任务准备

1. 器材

荧光定量 PCR 仪、涡旋振荡仪、微量移液器、枪头、荧光定量 PCR 仪专用 96 孔板、反应管架、超微量分光光度计（Thermo NanoDrop 2000）、废液杯、小镊子、记号笔等。

2. 试剂

转基因大豆：孟山都公司 GTS40-3-2（或 A5547-127，A2704-12，SYHT0H2），普通非转基因大豆，本任务的模板为从标准品和待测样品中提取的基因组 DNA。

① 植物总 DNA 提取试剂盒

② 引物和探针信息（表 2-7）

表 2-7　实时荧光定量 PCR 引物和探针信息

靶标	引物探针名称	序列	稀释终浓度/（nmol/L）	目的片段大小/bp
18S rRNA 内源基因	上游引物	5′-CCTGAGAAACGGCTACCAT-3′	400	
	下游引物	5′-CGTGTCAGGATTGGGTAAT-3′	400	137
	探针	FAM-TGCGCGCCTGCTGCCTTCCT-BHQ1	200	

靶标	引物探针名称	序列	稀释终浓度/（nmol/L）	目的片段大小/bp
CaMV 35S 启动子	上游引物	5′-TTCCAACCACGTCTTCAAAGC-3′	400	
	下游引物	5′-GGAAGGGTCTTGCGAAGGATA-3′	400	95
	探针	FAM-CCACTGACGTAAGGGATGACGCAC AATCC-BHQ1	200	

③ 实时荧光 PCR 预混液

④ 灭菌去离子水

任务实施

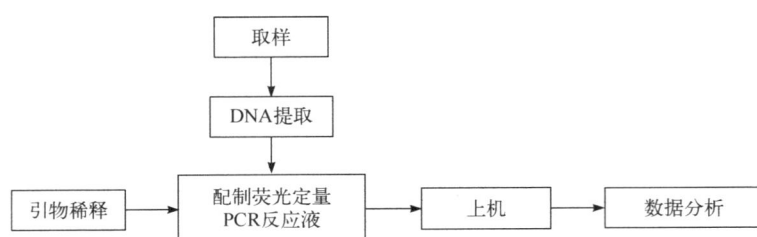

（1）样本处理及模板 DNA 的提取

模板 DNA 可以从不同样本中获取，如植物叶子、果实等。各种来源的样本需要经过适当处理，以使 DNA 分子充分暴露及去除抑制 PCR 反应的成分。本节可用实训 1 所提取的 DNA 为模板 DNA。

（2）DNA 浓度测定

用紫外分光光度法测定 DNA 浓度，将 DNA 溶液进行适当稀释，于 260 nm 处测定其吸光度，根据测定的 OD 值计算 DNA 浓度（260 nm 处 1OD = 50 μg/mL 双链 DNA），OD 值应该在 0.2～0.8 的范围内。于 280 nm 处测定其吸光度，根据测定的 OD 值计算 DNA 溶液的 OD_{260}/OD_{280}，比值应在 1.8～2.0。

（3）引物、探针稀释

公司合成的引物通常为干粉，为避免干粉的散失，使用前应离心，然后再轻轻打开管盖溶解。通常用 TE 溶液或双蒸水进行引物稀释，终浓度为 10 μmol/L。

（4）荧光定量 PCR 反应体系的配制

按表 2-8 配制 25 μL 反应体系。操作中各溶液尽量在冰上进行，依次加入无菌的 0.2 mL PCR 反应管内。每个 DNA 样品做 3 个平行管。加样时应使样品 DNA 溶液完全加入反应液中，不要黏附于管壁上，加样后应尽快盖紧管盖。

表 2-8　实时荧光 PCR 反应体系配制

试剂名称	终浓度	加样体积/μL
实时荧光 PCR 预混液	1×	12.5
上游引物（10 μmol/L）	0.4 μmol/L	1
下游引物（10 μmol/L）	0.4 μmol/L	1
探针（10 μmol/L）	0.2 μmol/L	0.5
DNA 模板（50 ng/μL）	4.0 ng/μL	2
补水至	—	25

注：反应体系中各试剂的量可根据反应体系的总体积进行适当调整。

（5）离心

振荡混匀，短时离心，铺上封板膜。

（6）设置 PCR 反应管荧光信号收集条件

应与探针标记的报告基团一致，具体设置方法可参照仪器使用说明书。

（7）开始反应

将 PCR 反应管插入 PCR 仪的反应模块中，按反应参数设置要求设计反应程序，并开始运行，2～3 h 后反应结束。可参考下列程序进行反应参数设置：实时荧光 PCR 扩增反应参数：50℃/2 min；95℃/10 min；95℃/15 s；60℃/60 s；大于或等于 40 个循环。其中 95℃/10 min 专门适用于化学变构的热启动 Taq 酶。以上参数可根据不同型号实时荧光 PCR 仪和所选 PCR 扩增试剂体系不同做调整。

任务结果与评价

1. 结果的读取

① 实时荧光 PCR 反应结束后，设置荧光信号阈值，阈值设定原则根据仪器噪声情况进行调整，以阈值线刚好超过正常阴性样品扩增曲线的最高点为准。

② 空白对照：内参基因检测未出现典型扩增曲线，所有外源基因检测未出现典型扩增曲线，或 C_t 值大于或等于 40。

③ 阴性对照：内参基因检测出现典型扩增曲线，且 C_t 值小于或等于 30，所有外源基因检测未出现典型扩增曲线，或 C_t 值大于或等于 40。

④ 阳性对照：内参基因检测出现典型扩增曲线，且 C_t 值小于或等于 30，所有外源基因检测出现典型扩增曲线，且 C_t 值小于或等于 34。

2. 结果的判定

① 测试样品全部平行反应，外源基因检测未出现典型扩增曲线（图 2-8），或 C_t 值大

于或等于 40；内源基因检测出现典型扩增曲线，且 C_t 值小于或等于 30，则可判定该样品不含所检的外源基因。

② 测试样品全部平行反应，外源基因检测出现典型扩增曲线，C_t 值小于或等于 36；内源基因检测出现典型扩增曲线，C_t 值小于或等于 30，判定该样品含有对应的外源基因。

③ 测试样品全部平行反应，外源基因检测出现典型扩增曲线，但 C_t 值在 36～40 之间，内源基因检测 C_t 值出现典型扩增曲线，且小于或等于 30，应在排除污染的情况下重新处理样品上机检测。再次扩增后的内源基因检测出现典型扩增曲线，且 C_t 值小于或等于 30，外源基因检测出现典型扩增曲线，且 C_t 值仍小于 40，则可判定为该样品含有所检的外源基因。再次扩增后的内源基因检测出现典型扩增曲线，且 C_t 值小于或等于 30，外源基因检测未出现典型扩增曲线，或 C_t 值大于或等于 40，则可判定为该样品不含所检的外源基因。

3. 结果的表述

① 样品未检出 *CaMV* 35S 外源基因；

② 样品检出 *CaMV* 35S 外源基因。

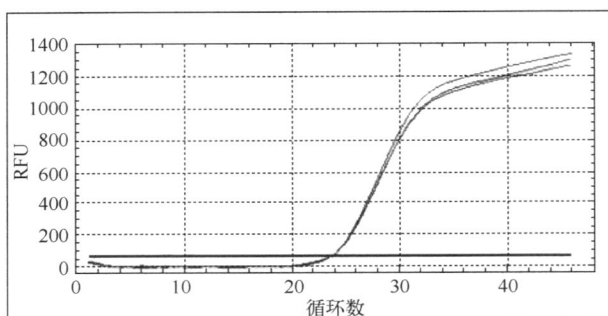

图 2-8　荧光定量扩增曲线示例图

任务结束后，完成《学生技能训练手册》考评工单。

工作反思

1. 实时荧光 PCR 程序信号采集在哪一步进行？

2. 实时荧光 PCR 的影响因素有哪些？

3. 相对定量与绝对定量的主要区别是什么？

知识小结

1. 在 PCR 反应体系中，加入荧光染料，如经典的 SYBR 荧光染料特异性地掺入 DNA

双链后发射荧光信号，而不掺入链中的染料分子不会发射任何荧光信号，从而保证荧光信号的增加与 PCR 产物的增加完全同步。

2. 为了定量和比较的方便，在实时荧光定量 PCR 技术中引入了两个非常重要的概念：循环阈值（C_t）和荧光阈值。

3. 实时荧光 PCR 的常用定量方法——相对定量。在细胞中，有一些基因的表达量是恒定的，可以用作内参基因，比如 GAPDH、β-actin 等。相对定量就是通过检测目的基因相对于内参基因的表达变化来实现定量的，从而比较来源不同的样本目的基因表达量的差异。

4. 实时荧光 PCR 中相对定量常用的计算方法是 $2^{-\Delta\Delta C_t}$：

ΔC_t（目的基因）= C_t（目的基因）$-C_t$（同一样本的内参基因）

$\Delta\Delta C_t$（目的基因）= 实验组 ΔC_t（目的基因）$-$参照组 ΔC_t（目的基因）

相对倍数（实验组/参照组）=$2^{-\Delta\Delta C_t}$（目的基因）

? 能力测验

一、单项选择题

1. RT-PCR 获得目的基因时，要先提取 RNA 再反转录的原因是（　　）。

A. RNA 稳定性高，不易被降解

B. RNA 可检测出基因表达的差异

C. RNA 为单链线性分子，结构简单

D. 以上都是

2. 下列试剂（　　）不是实时荧光定量 PCR（quantitative real-time PCR，qRT-PCR）中需要的。

A. Green Premix *Taq* enzyme

B. 模板 cDNA

C. RNA

D. 上下游引物及 Reference Dye

3. 有关荧光定量 PCR 的方法，错误的是（　　）。

A. 在扩增的指数期定量

B. 采用内标和外标的方法均可

C. 可采用 TaqMan 探针

D. 在扩增的终点定量分析

4. 荧光定量 PCR 检测过程中，基线漂移的可能原因有（　　）。

A. 蒸发

B. 相邻荧光通道干扰

C. 探针水解

D. 以上都是

5. TaqMan 探针采用的是（　　　）。

A. 荧光标记的探针

B. 生物素标记的探针

C. 同位素标记的探针

D. SYBR Green 荧光染料

6. 以下是经过 PCR 扩增后得到的 C_t 值，DNA 原始拷贝数最多的样品是（　　　）。

A. 样品 1，$C_t=20$

B. 样品 2，$C_t=22$

C. 样品 3，$C_t=24$

D. 样本 4，$C_t=28$

7. 下列关于 C_t 值的描述正确的是（　　　）。

① C_t 值的定义是 PCR 扩增过程中，荧光信号开始由本底进入指数增长阶段的拐点所对应的循环数；

② 用不同浓度的 DNA 做 PCR，DNA 浓度越高，C_t 值越小

③ DNA 浓度每增加 1 倍，C_t 值减小一个循环；

④ C_t 值与模板 DNA 的起始拷贝数成反比；

⑤ 平台期 DNA 拷贝数与 C_t 值呈线性关系。

A. ①②③④

B. ①②③⑤

C. ①③④⑤

D. ②③④⑤

8. 下面属于 SYBR Green I 方法特点的是（　　　）。

① 适用性广，灵敏，方便且成本低的一种定量 PCR 方法；

② 用于病原体检测，疾病耐药性基因研究，药物疗效考核及遗传疾病的诊断；

③ 特异性高，重复性好，只适合特定目标；

④ 引物要求高，易出现非特异性条带；

⑤ 适合科研中对各种目的基因定量分析，基因表达量的研究，转基因重组动植物的研究；

⑥ 需要做熔解曲线来确认扩增产物特异性。

A. ①④⑤⑥

B. ①②③④

C. ②③⑤⑥

D. ③④⑤⑥

9. 基因异常表达检测的技术是（　　　）。

A. 荧光定量 PCR 技术

B. Western 印迹技术

C. Southern 电泳技术

D. 原位杂交技术

E. cDNA 表达芯片技术

二、判断题

1. 荧光定量 PCR 能够实时监测 PCR 反应的全过程，对每一个循环进行定量或定性分析；而普通 PCR 只能对反应终产物进行半定量或定性分析。

2. 荧光定量 PCR 的结果分析可以直接通过电脑读出，而普通 PCR 的结果必须通过电泳进行条带分析。

3. 无论 SYBR Green 荧光定量还是 TaqMan 探针定量，随着扩增反应的进行，荧光信号都是随着 PCR 产物的增加而增强的。

4. 定量 PCR 可以对样本中的某个分子进行拷贝数定量。

5. SYBR Green I 是一种结合于所有 dsDNA 双螺旋小沟区域的具有绿色激发波长的染料。

三、简答题

简述实时荧光定量 PCR 基本原理。

模块三

重组 DNA 技术

知识目标

1. 掌握重组 DNA 技术的相关概念、基本原理和主要步骤。
2. 熟悉重组 DNA 的常用载体及其特点。
3. 掌握重组 DNA 工具酶的作用特点。

技能目标

1. 会用工具酶进行目的基因的获取。
2. 会用工具酶进行重组载体的构建。
3. 能将重组载体导入受体细胞。
4. 会筛选和鉴定重组菌株。

思政素养目标

1. 了解"转基因生物"的实现过程，以客观理性的态度对待转基因技术，公正评价"转基因生物"的安全性。
2. 培养尊重生命、关注食品安全和环境保护的意识，在科技发展中注重伦理道德问题。

重组 DNA 技术在食品领域中的应用

重组 DNA 技术是将外源目的基因插入载体，拼接后转入新的宿主细胞构建成工程菌（或细胞），实现遗传物质的重组组合并使目的基因在工程菌内进行复制和表达的技术，因此又称为基因工程技术，也叫遗传工程。DNA 重组技术，需要各种工具酶和载体，如限制性内切酶、DNA 连接酶、DNA 聚合酶等，此外还涉及 PCR、分子杂交、DNA 测序、基因文库构建、转化等一系列实验技术。因此，它实际上是一系列实验技术的综合应用，本项目将重点介绍上述内容。本项目分为三个任务，分别是学习重组 DNA 的常用载体和工具酶，重组 DNA 的基本步骤及其在食品领域中的应用。

项目一
重组 DNA 的常用载体和工具酶

自 1972 年美国斯坦福大学的 Berg 等人第一次在世界上完成了 DNA 体外重组实验以来，重组 DNA 技术就得到了广泛关注和迅速发展，重组 DNA 技术也称基因克隆或分子克隆。一般情况，要实现重组 DNA，首先需要各种工具酶，如限制性内切酶、DNA 连接酶、DNA 聚合酶等，然后将外源基因插入载体，拼接后转入新的宿主细胞中，完成 DNA 重组。

必备知识

重组 DNA 是指在基因水平上按照人类的需要进行设计，创建出具有某种新的遗传性状的生物品系，并能使之稳定地遗传给后代。具体指采用类似于工程设计的方法，根据人们事先设计的蓝图，人为地在体外将核酸分子插入质粒、病毒或其他载体中，构成遗传物质的新组合(即重组载体分子)，并将其转移到原先没有这类分子的宿主细胞中扩增和表达，从而使宿主或宿主细胞获得新的遗传特性或形成新的基因产物。在 DNA 体外重组实验中，转化子是指外源 DNA 分子导入后能稳定存在的受体细胞，重组子是指含有目的基因的重组 DNA 分子的转化子。拷贝数是指某基因（可以是质粒）在某一生物的基因组中的个数。单拷贝就是该基因在该生物基因组中只有一个，多拷贝则指有多个。

一、常用的分子克隆载体

一般目的基因或 DNA 片段是不容易进入受体细胞的，即使采用物理或化学的方法使其进入受体细胞，也不容易在受体细胞维持而被降解。在基因克隆中，将外源 DNA 携带进入宿主细胞的运载工具称为载体，载体的化学本质也是 DNA，可以承载目的基因或外源

DNA 片段进入宿主细胞，并且使其得以维持，能在宿主细胞内进行独立和稳定的 DNA 自我复制。

一般情况下，质粒是以超螺旋共价闭合环存在的。当两条多核苷酸链中有一条保持着完整的环形结构，而另一条出现缺口时，质粒就成为开环 DNA 分子。当质粒 DNA 分子经过适当的核酸内切酶切割后，发生双链断裂而形成线性分子。这是环形双链 DNA 分子的 3 种不同构型。

质粒的命名：通常用一个小写的 p 来代表质粒，而用一些英文缩写或数字来对这个质粒进行描述，以 pBR322 为例，BR 代表研究出这个质粒的研究者 Boli-var 和 Rogigerus 姓氏的首字母，322 是实验编号。

载体通常具有下列特点：

① 其 DNA 插入外源 DNA 之后，仍能保持稳定的复制状态和遗传特性，能在宿主细胞中独立复制，即本身为复制子。

② 易于从宿主细胞中分离，并进行纯化，带有 1～2 个筛选标记，赋于寄主细胞新的特性，便于重组子的筛选。

③ 其 DNA 序列中有适当的限制性内切酶单一酶切位点。这些位点位于 DNA 复制的非必需区内，可以在这些位点上插入一段较大的外源 DNA，但不影响载体自身 DNA 的复制。

④ 具有能够直接观察的表型特征（如报告基因），在插入外源 DNA 后，这些特征可以作为重组 DNA 选择的标志。

⑤ 分子量小，多拷贝，易操作。

目前常见的基因载体有质粒载体、农杆菌质粒载体、噬菌体载体、柯斯质粒载体和植物病毒载体等。

1. 质粒载体

（1）质粒载体定义和生物学特性

质粒是能自主复制的双链环状 DNA 分子，大小一般在 1.5～15 kb，在细菌中独立于染色体之外而存在。每个质粒都含有一段 DNA 复制起始位点的序列，它帮助质粒 DNA 在宿主细胞中复制。

质粒作为克隆载体一般需要满足以下要求：

① 具有复制起始位点。复制起始位点是质粒扩增必不可少的元件，也是决定质粒拷贝数的重要元件。一般情况下质粒含有一个复制起始点，构成一个独立的复制子。但有的质粒含有两个复制子，一个是原核复制子，另一个是真核复制子，既能在原核细胞中扩增和增殖，又能在真核细胞中扩增和增殖。像这种能在两种或两种以上不同的细胞中复制和扩增的质粒，叫穿梭质粒。

② 拷贝数较多。构建的质粒载体应该在转化的受体细胞中具有较多的拷贝数，便于实现目的基因的大量复制和扩增。

③ 分子量应尽可能小，质粒转化受体细胞同质粒 DNA 分子大小相关，小分子质粒的转化率较高。实验证明，质粒大于 15 kb 时，其将外源 DNA 转入大肠杆菌的效率就大大降低。另外，低分子量的质粒往往含有较高的拷贝数，这有利于质粒 DNA 的制备。

④ 有用来克隆外源 DNA 的单一的限制性内切酶识别位点。这种单一的限制性内切酶位点数量要尽可能多。质粒载体中，一个小的区域或位点内含有连续多个的单一限制性内切酶，被称为多克隆位点。一方面多克隆位点便于基因的克隆和重组载体的构建，另一方面不影响质粒的复制。

⑤ 有一个或多个选择标记基因。

质粒的不相容性是指在没有选择压力的条件下，两种不同质粒不能共存于同一宿主细胞内的现象。通常不相容质粒携带的复制子基本相似，而且在宿主中的拷贝数不止一个，所以当两个不相容的质粒被导入同一个细胞中时，由于它们的复制子相同，所用的复制系统也相同，故在复制和分配到子细胞的过程中互相竞争。又由于细胞内随机选择质粒分子进行复制，在一个细胞中两种不同质粒的拷贝数不可能总保持等同，所以由随机过程产生的微小差别迅速扩大，使一些细胞中，第一种质粒占优势，而另一些细胞中，第二种质粒占优势。细菌生长几个世代后，最少的质粒就完全消失，只有属于不同的不相容组的质粒才能共存于同一个宿主细胞中，因此必须了解质粒的不相容性，才有可能将两种基因分别克隆到两个相容的质粒上，转入同一宿主细胞内。至今已发现 30 个以上的不相容组。带 pMB I 和 ColE I 复制子的质粒互不相容，但它们都与带 pSC101 和 p15A 复制子的质粒完全相容。

用于基因克隆的质粒载体均带有 1～2 个选择标记，一般来说，绝大多数的质粒载体都是使用抗生素抗性基因作为选择标记。这些选择标记主要包括四环素抗性、氨苄青霉素抗性、链霉素抗性及卡那霉素抗性等。这些选择抗性一方面由于许多质粒本身就含有抗生素抗性基因的 R 因子，另一方面由于抗生素抗性标记使得基因克隆更易于操作、便于选择，所以在构建质粒载体时加入。常用的选择标记主要是抗生素抗性基因，可赋予携带该质粒的细菌对某种抗生素的抗性。因此，在培养基中加入抗生素可很容易地对细菌进行选择（表 3-1）。

表 3-1　抗生素基因的作用机制

抗生素基因	机理	作用
氯霉素（*Cml*）	氯霉素抗性基因编码的乙酰转移酶，特异性地使氯霉素乙酰化而失活	这是一种抑菌剂，通过与核糖体 50S 亚基的结合作用，干扰细胞蛋白质的合成，并阻止肽键的形成

抗生素基因	机理	作用
氨苄青霉素（Amp）	氨苄青霉素抗性基因编码一种同质酶，即β-内酰胺酶，可特异性地切割氨苄青霉素的β-内酰胺环，从而使之失去杀菌效力	这是一种青霉素的衍生物，它通过干扰细胞壁合成之末端反应，而杀死生长的细胞
四环素（Tet）	四环素抗性基因编码一种特异性的蛋白质，可对细菌的膜结构进行修饰，从而阻止四环素通过细胞膜从培养基中转运到细胞内	这是一种抑菌剂，通过与核糖体30S亚基之间的结合作用，阻止细菌蛋白质的合成
链霉素（Sm）	链霉素抗性基因编码一种特异性酶，可对链霉素进行修饰，从而抑制其同核糖体30S亚基的结合	这是一种杀菌剂，通过与核糖体的30S亚基的结合作用，导致mRNA发生错译
卡那霉素（Kan）	卡那霉素的抗性基因编码的氨基糖苷磷酸转移酶，可对卡那霉素进行修饰，从而阻止其同核糖体之间发生相互作用	这是一种杀菌剂，通过与70S核糖体的结合作用，导致mRNA发生错读

注：以水为溶剂的抗生素贮存液应通过0.22 μm滤器过滤除菌，以乙醇为溶剂的抗生素溶液无需除菌处理。所有抗生素溶液均应放于不透光的容器中保存。镁离子是四环素的拮抗剂，四环素抗性菌的筛选应使用不含镁盐的培养基（如LB培养基）。

(2) 质粒载体种类

① 质粒可按作用分为不同类型　如携带帮助其自身从一个细胞转入另一个细胞信息的质粒，即F质粒；表达对一种抗生素抗性的质粒，即R质粒；携带参与或控制一些不同寻常的代谢途径基因的质粒，即降解质粒。

② 质粒按复制起始点可分为不同类型　有些质粒的复制起始点较特异，只能在一种特定的宿主细胞中复制，称为窄宿主范围质粒；还有些质粒的复制起始点不具有特异性，可以在许多种细菌细胞中复制，称为广宿主范围质粒。

③ 质粒按照DNA复制与宿主之间的关系被分为不同类型　根据质粒DNA复制与宿主之间的关系，质粒表现为"严紧型"和"松弛型"。"严紧型"质粒的复制受宿主DNA复制的"严格控制"，二者紧密相关，因此，在宿主细胞中质粒有较少的拷贝，通常仅有1~3个。"松弛型"质粒的复制受宿主的控制比较松，通常具有较高的拷贝数，每个细胞中一般有10~200个，有的可达700个。在很大程度上，质粒DNA的复制是由细菌染色体复制所需的一套相同的酶系催化完成的。目前使用的大多数载体都带有一个来源于pMB1质粒的复制子，在正常情况下，其在每个宿主细胞中可维持至少15~20个拷贝。在染色体复制因蛋白质合成受阻（如氯霉素存在时）而终止后，这类质粒仍可继续依赖宿主提供的半衰期较长的酶（如DNA聚合酶Ⅰ、DNA聚合酶Ⅱ、DNA聚合酶Ⅲ、依赖于DNA的RNA聚合酶等）进行复制，使每个细胞的拷贝数达到几千个。

④ 质粒可按拷贝数分为不同类型　有些质粒在每个宿主细胞中可以有10~100个拷贝，称为高拷贝数质粒；另一些质粒在每个细胞中有1~4个拷贝，称为低拷贝数质粒。在

一个细菌细胞中，质粒最多可以占到细菌总 DNA 的 0.1%～5%。高拷贝质粒通常在松弛控制下进行复制，而低拷贝的质粒则常常是在严紧控制下复制。

⑤ 质粒按照是否携带有控制细菌配对和质粒转移的基因被分为不同类型　可将其分为"接合型"与"非接合型"。接合型质粒的分子量一般都较大，多属于严紧型复制；非接合型质粒的分子量较小，多属于松弛型复制，但也有例外。基因工程中所用的载体质粒缺乏转移所必需的 *mob* 基因。因此，不能通过接合作用完成从一个细胞到另一个细胞的自我转移，在实验中质粒载体是通过转化直接导入受体细胞的。

（3）常用质粒载体

① 质粒 pBR322　如图 3-1 所示，质粒 pBR322 大小为 4363 bp，包含三个组成部分：a. 一个复制起始位点（*ori*），以使质粒在大肠杆菌中复制。b. 四环素抗性基因（*Tet^r*），含有单一的 *BamH* I 和 *Sal* I 的识别位点。c. 氨苄青霉素抗性基因（*Amp^r*），含有单一的 *Pst* I 识别位点。

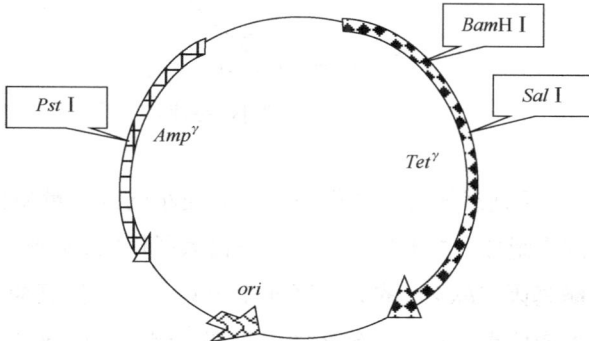

图 3-1　pBR322 结构示意图

源于 ColE I 的派生质粒 pMB I，其特点为：a. 带有一个复制起始位点（*ori*），以使该质粒在大肠杆菌中以高拷贝数复制。b. 分子量较小，不仅易于自身的纯化，而且即使克隆了一段大小为 6 kb 的外源 DNA，其重组体分子的大小仍然能满足实验的需要。c. 具有较高的拷贝数，而且经过氯霉素处理之后，每个细胞中依然可累积 1000～3000 个拷贝，使重组体 DNA 的制备变得极其方便。d. 有多达 24 种限制性内切酶的单一切点。e. 具有两种抗生素抗性基因可作为转化子的选择标记。*EcoR* V、*Nhe* I、*BamH* I、*Sph* I、*Sal* I、*Xam* Ⅲ和 *Nru* I 位点插入外源基因会导致四环素抗性基因（*Tet^r*）失活，在 *Pst* I、*Sca* I 位点插入外源 DNA 会导致氨苄青霉素抗性基因（*Amp^r*）失活，这种插入失活效应为基因克隆重组子的选择提供了方便。

② 质粒 pUC19　pBR322 使用广泛，但它带的单一克隆位点较少，筛选程序还费时间，因此，人们就在 pBR322 的基础上发展了一些其他的质粒克隆载体。质粒 pUC19 由美国加

利福尼亚大学的科学家首先构建，取名此类载体为 pUC。

如图 3-2 所示，pUC 系列载体主要组成部分：a. 来自 pBR322 的复制起始位点（*ori*）。b. 氨苄青霉素抗性基因（*Amp*^{r}），但其核苷酸序列发生了改变，不再含原来的单一性酶切位点。c. 大肠杆菌乳糖操纵子半乳糖苷酶基因（*lacZ'*）的调节片段。d. 调节 *lacZ'* 基因表达的阻遏蛋白的基因 *lac* I。e. 多个单克隆位点。pUC 系列载体大多是成对的，如 pUC18/19、pUC12/13 等。

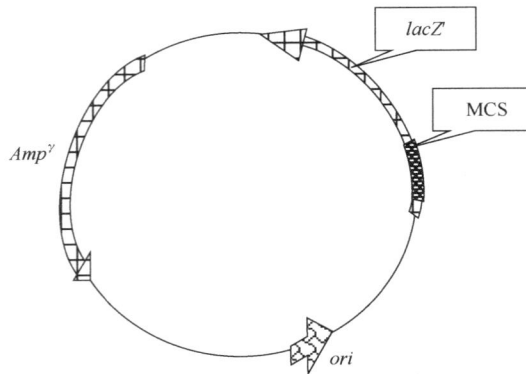

图 3-2　pUC19 结构示意图

相比 pBR322，pUC 系列载体有许多优势：a. 有更小的分子量和更高的拷贝数。b. 适用于组织化学方法检测重组体。由于其含有一个来自大肠杆菌 *lac* 操纵子的 DNA 片段，该片段含有 *β*-半乳糖苷酶基因（*lacZ*）的调控序列和 N 端 146 个氨基酸的编码序列。这个编码区中插入了一个多克隆位点，它并不破坏阅读框架，但可使少数几个氨基酸插入 *β*-半乳糖苷酶的氨基端。虽然质粒和宿主编码的片段各自均无活性，但它们共处一个细胞中时可融为一体，形成具有酶学活性的蛋白质，这一过程称为 α-互补。质粒上 *lacZ* N 端 146 个氨基酸的合成需要异丙基-*P*-D-硫代半乳糖苷（IPTG）的诱导。因此，在诱导物 IPTG 存在下，细菌在含有生色底物 5-溴-4-氯-3-吲哚-*β*-D 半乳糖苷（X-gal）的平板上形成蓝色菌落。当多克隆位点插入外源 DNA 片段时，使 *β*-半乳糖苷酶的 N 端失活，从而不能进行 α-互补，因此带有重组质粒的细菌产生白色菌落。利用 α-互补进行重组子筛选比利用"插入失活"法更为方便。c. 具有多克隆位点（MCS）区，在这个区域有连续 10 个单一限制内切酶位点，且与 M13mp 系列对应，使克隆的外源 DNA 片段可在两类载体系列之间来回穿梭，为基因的克隆和重组提供极大的方便。该质粒可利用"α-互补"原理很方便地鉴定重组子。

2. 农杆菌质粒载体

农杆菌质粒载体是天然存在的优良载体，经过人工改造之后，现已成为植物基因工程最为重要的载体之一。土壤农杆菌 Ti 质粒是一种天然的极好的基因工程载体，它是土壤农杆菌中的质粒，通过感染植物（特别是双子叶植物）的伤口，诱发伤口组织形成冠瘿瘤，同时在冠瘿瘤内合成一类精氨酸衍生物即冠瘿碱。冠瘿瘤中的植物细胞在体外培养时，在没有激素的条件下仍能快速生长。瘤中植物细胞所形成的重要特性完全是由于农杆菌中200 kb 左右大小的 Ti 质粒所引起的。

Ti 质粒上的 T-DNA 具有转化功能，这就为 Ti 质粒作为植物遗传工程的载体创造了先决条件。但是如果将 Ti 质粒直接应用，还存在许多问题：一是野生型 Ti 质粒太大，不便于操作；二是未经改造的 T-DNA 转入植物基因组后，引起不正常的生长和分化特性，以至于不能再生成植株。必须对 Ti 质粒进行改造。在含有 T-DNA 的质粒上加入多克隆位点和抗生素抗性基因，以便于插入外源基因并选择转化植物细胞，该质粒就称为双元载体。双元载体既能在农杆菌中复制又能在大肠杆菌中复制，并且质粒分子小，便于操作，因此成为目前植物基因转化最主要的载体。

农杆菌 Ti 质粒寄主范围广，可侵染多种双子叶植物及少数单子叶植物。据不完全统计，约有 93 科 331 属 643 种双子叶植物对 Ti 质粒敏感。操作简单，不需要特别的组织培养技术；转化频率和可重复性高；目的基因能比较完整地转入受体细胞，整合到染色体上，并以孟德尔方式遗传和表达。这些特点是非载体法无法比拟的。

3. 酵母质粒载体

酵母质粒载体既可以在大肠杆菌中复制，又可以在酵母系统中复制，故此类载体又称为穿梭载体。根据转化细胞中的复制机制，可将酵母质粒载体分为两个基本类型，即整合型载体和自我复制型载体。整合型酵母载体包含一个酵母 URA3 标志基因和大肠杆菌的复制和报告基因，由于质粒 DNA 与酵母基因组 DNA 之间发生同源重组，在转化的细胞中可检测到质粒的整合复制。整合型载体中的 YIp 载体转化效率较低，而且不稳定，目前使用较少。自我复制型酵母载体因在酵母中有自我复制的能力而得名。属于这类载体的有 YRp、YEp 和 YCp。其中 YEp 在遗传学方面序列稳定，应用较多。应用酵母人工染色体构建的载体是 pYAC，该质粒不仅可直接克隆大片段 DNA，而且可在连接反应后，直接利用线性 DNA 转化细胞，并按标准方法筛选。

基因克隆技术中，酿酒酵母作为宿主菌在应用中具有显著优势，尤其在涉及调节表达序列（如 RNA 聚合酶识别位点、核糖体识别位点）的克隆载体构建中表现突出。选择酵母载体时，需综合考虑以下关键因素：载体需在大肠杆菌和酵母中均具备合适的遗传标志，以满足穿梭使用需求；结合实际研究目的，选择在酵母中适配的复制方式；明确载体在酵母与大肠杆菌中的拷贝数特性（例如，部分自身复制型质粒如大肠杆菌质粒，可在酵母细胞核中实现高拷贝维持）；具备简单易行的插入片段筛选方法。要在酵母中最大限度表达基因，需要特异的启动子（乙醇脱氢酶、同工酶 I、磷酸甘油激酶、酸性磷酸酶和 α 因子等基因的启动子）。通过重组 DNA 技术，还可以利用酿酒酵母生产医用的外源蛋白。

用酵母生物技术方法得到的第一种医用产品是乙型肝炎疫苗，其他类似产品包括胰岛素和水蛭素。

理论上，酵母生产外源蛋白的最佳表达盒包括有效的启动子序列（可为诱导性或组成性）、目的蛋白 cDNA 和转录终止序列。应注意产生蛋白的性质，因为这将决定产物是在胞内表达还是向外分泌。使用酿酒酵母表达系统还要考虑启动子和终止子的选择、表达盒的稳定性、外源蛋白的累积部位和产量的高低。

4. 噬菌体载体

噬菌体是寄生在细菌中的病毒，噬菌体由蛋白质外壳和头部外壳内的 DNA 组成。噬菌体 DNA 借助细菌的原料和能量，增殖出新的子代噬菌体，子代噬菌体生长使细菌细胞破裂，释放出噬菌体。如此反复侵染、增殖。当噬菌体感染细菌时，先将头部吸附到细菌的表面，随后像注射器一样从尾部将 DNA 注入细菌体内，蛋白质外壳留在外面。细菌质粒载体在基因工程研究中快速简便，但由于其自身特性的限制，最大可以克隆的 DNA 片段一般在 10 kb 左右，若要构建一个基因文库，往往需要克隆更大一些的 DNA 片段，以减少文库中克隆的数量，为满足这一要求，人们把噬菌体发展成为一种克隆载体。由于噬菌体具有较强的增殖能力，有利于目的基因的扩增，从而成为当前基因工程研究的重要载体之一。目前常用的噬菌体载体有 λ 和 M13 噬菌体载体。

（1）λ 噬菌体载体

λDNA 包含 60 多个基因，大多数编码基因是按功能的相似性成簇排列。λ 噬菌体是一种温和噬菌体，在其生活史中，它将 DNA 注入大肠杆菌之后，可以进入溶菌和溶源两种循环。当 λ 噬菌体进入溶菌循环，20 min 后就可使宿主细胞发生裂解，同时释放出大约 100 个噬菌体颗粒。当 λ 噬菌体进入溶源循环，即注入的 DNA 整合到大肠杆菌的染色体中，与染色体一起复制，而并不给寄主带来任何危害。当在某种营养条件或是环境胁迫条件下，整合的 λ 噬菌体 DNA 可以被切割出来，进入裂解循环。

DNA 分子的两个 5′末端各带有 12 个碱基的单链互补黏性末端，当 λ 噬菌体进入细菌细胞后，其 DNA 可迅速通过黏性末端配对形成双链环状的 DNA 分子，这种由黏性末端结合形成的双链区域称为 cos 位点。

λ 噬菌体载体主要分为两类：一种是置换型载体，有两个酶切位点（或两组反向排列的多克隆位点），在两个位点之间的 DNA 区段（λ 噬菌体复制等的非必需区）可被插入的外源 DNA 片段取代。另一种是插入型载体，一般只含有一个限制性位点可供外源 DNA 插入，插入位点位于 *lacZ* 基因编码区，因此可通过蓝白斑实验筛选。有的 λ 噬菌体载体既可作为插入型又可作为置换型载体，可以非常方便地进行基因操作。

λ 噬菌体载体的优点：a. 容纳外源 DNA 片段的能力更强，可插入 10～20 kb 甚至更大的一段外源 DNA 片段。b. 感染大肠杆菌的效率比质粒转化的效率高很多，所以可用于构建基因文库。λ 噬菌体文库可用 DNA 探针或免疫分析进行筛选，其差异只是细菌文库形成单菌落，而噬菌体文库形成单个噬菌斑。c. 重组体的筛选较为方便。通常，λ 噬菌体是利用插入失活原理进行重组体的筛选，常用的方法有大肠杆菌 β-半乳糖苷酶失活和免疫功能失活两种。对于前者，可通过组织化学方法（蓝白斑筛选法）进行重组子的筛选；后者可根据不同的噬菌斑形态（带有外源 DNA 片段的重组体只能形成清晰的噬菌斑，而没有外源 DNA 插入的亲本则形成混浊的噬菌斑）进行筛选。

（2）M13 载体

M13 载体是一种细丝状的特异性的大肠杆菌噬菌体，又叫单链噬菌体载体。重组 DNA 载体 M13 允许包装长度大于病毒单位长度的外源 DNA；在感染细菌后，复制产生的环状 DNA 经包装形成噬菌体颗粒，分泌到细胞外而不会导致宿主菌裂解。这些特性不仅便于分离单链的 DNA，而且在产生的大量单链 DNA 中含有外源 DNA 序列。因此可用于 DNA 序列分析、制备杂交探针、定点突变等。它含有 6~7 kb 的单链环状 DNA 基因组，在基因 II 和 V 之间（共有 10 个基因）有一段 508 bp 的非必需区，可插入外源 DNA 而不影响噬菌体的增殖。

5. 柯斯质粒载体

含有抗性基因、单一克隆位点及 λDNA cos 位点的细菌质粒，称为柯斯质粒，又称黏粒。柯斯质粒可克隆携带 40 kb 大小的 DNA 片段，并在大肠杆菌中复制保存，因此柯斯质粒综合了质粒载体和噬菌体载体二者的优点。柯斯质粒上有多个单克隆位点、两个 cos 位点、DNA 复制起始位点和抗生素抗性基因，在两个 cos 位点之间还有一个限制性内切酶位点（RE1）。以柯斯质粒作载体克隆时，先用限制性内切酶（RE1）将柯斯质粒切开，再用单克隆位点中的另一个限制性内切酶（RE2）酶解，然后将 RE2 酶解的长约 40 kb 大小的外源 DNA 片段克隆到单克隆位点上，形成一个长约 50 kb 的线性 DNA 分子。由于分子两端含有 cos 位点，因此可以在体外包装进入空的噬菌体头部，而没有插入 DNA 的空载体，或者插入片段大小不符合要求的重组分子则无法包装。重组噬菌体的 DNA 可以通过侵染大肠杆菌而传递。重组噬菌体的 DNA 进入大肠杆菌之后，由于进入头部时两个 cos 位点都已被切割掉了，它们通过碱基配对可以将整个 DNA 分子变成一个环状的质粒分子。复制起始位点的存在又可以保证其宿主细胞中稳定复制保存，转化的细胞可以通过抗生素进行筛选。柯斯质粒适用于作基因簇和大基因的克隆。

6. 植物病毒载体

已有多种病毒用于构建在植物中表达的病毒载体，其中以花椰菜花叶病毒（CaMV）、烟草花叶病毒（TMV）和马铃薯 X 病毒（PVX）构建的载体最为常用。植物病毒能够在被感染的植物寄主细胞中实现复制和表达，因为这类病毒核酸具备植物 DNA 复制及转录有关的一些酶的识别顺序，而且也编码一些可以改变宿主细胞功能的基因，因此，这些 DNA 序列和编码区段，有可能用作植物细胞内复制和表达外源基因的载体。在植物中表达外源基因，可以用转基因的方法将外源基因整合入植物基因组进行稳定表达，或者应用新近发展的植物病毒载体系统进行瞬时表达。与转基因植物相比，利用植物病毒载体表达外源基因具有以下特点：基因表达水平高，伴随病毒细胞的快速增殖和生长，外源基因可以高水平地表达；产生表型速度快，由于病毒可以直接感染植物，加上病毒增殖速度快，许多载体可通过机械伤接种感染大面积的植物，并且通常在接种后 1～2 周外源基因就可大量表达，因此避免了耗时的植物遗传转化和再生过程；易于纯化和保存；宿主范围广，农杆菌不能或很难转化的单子叶、豆科和多年生木本植物，病毒载体都能侵染这些植物，因此扩大了基因工程中用于转化的宿主范围，同样扩大了植物研究和改良的范围。植物病毒载体另一个用途就是抑制目的基因的表达。在以前的研究中，病毒载体是被用来超量表达某一特定基因的，但在很多情况下，它还具有抑制基因表达或使基因沉默的功能。目前知道这种功能主要是通过转录后基因沉默（PTGS）机制进行的，并且利用这种特性可以研究许多基因的功能。如在番茄果实中利用含有乙烯合成关键酶基因 *LeACS*2 片段的烟草脆裂病毒载体，就可以引起果实中 *LeACS*2 基因的沉默，从而抑制乙烯生物合成，延缓果实的成熟衰老过程。

花椰菜花叶病毒（CaMV）为昆虫传播的 DNA 病毒，侵染十字花科植物。其 35S 启动子因以下优势被广泛用于植物基因工程：①组成型表达：在叶、茎、根及花瓣等组织中表达水平相近，且不受光照调控。②复合调控：启动子内存在多个顺式元件，可在不同细胞类型或发育阶段产生微调效应。③基因组可塑性：CaMV DNA 中非必需区域可缺失或替换，在特定位点插入≤1～2 kb 的外源基因，不影响病毒在植物体内的复制与表达，因此可作为植物基因表达载体骨架。

7. 表达载体

当需要获得目的基因的表达产物时，需要使用基因表达载体将外源基因在宿主细胞中表达成蛋白质。基因表达载体有很多类型，如诱导型表达载体、反义基因表达载体、组织特异性表达载体、分泌型表达载体、双启动子表达载体等。

基因表达载体的特点是：需要很强的启动子，并能被宿主细胞的 RNA 聚合酶识别并启动转录，这样可以保证基因大量表达；需要很强的终止子，使得 RNA 聚合酶转录目的基因的序列而不是其他无关序列；目的基因的编码区必须具有翻译起始密码子 ATG，原核表达载体还需要 SD 序列。

知识链接 **限制性核酸内切酶的发现**

早在 20 世纪 50 年代，科学家在研究噬菌体的宿主范围时就观察到，当一个噬菌体从天然宿主（如大肠杆菌 A）转到另一种宿主（如大肠杆菌 B）细胞中时，大多数噬菌体不能生长和繁殖，但个别幸存者能够在宿主 B 中生长和繁殖，当将幸存者再次放入宿主 A 中生长一个循环后，就又不能在宿主 B 中生长和繁殖。于是人们提出了"寄主控制的限制与修饰假说"，假定在宿主细胞中存在一对酶：限制酶（后来证明是核酸限制性内切酶）和修饰酶（后来证明是 DNA 甲基化酶）。当外源 DNA 进入该宿主细胞时，很容易被限制酶切割降解，而自身的内源 DNA 由于经过修饰酶修饰（甲基化），限制酶不能识别，所以就不被限制酶切割降解。这种限制修饰系统在有的宿主细胞中存在，有的不存在。随后，人们便发现并分离纯化了 I 型限制酶（1968 年）和 II 型限制酶（1970 年），使上述假说得以完全证实，接着又发现了 III 型限制酶。

二、分子克隆使用的工具酶

实现 DNA 重组的主要工具便是催化 DNA 各种特异性反应的酶。而切割核苷酸序列的限制性内切酶的发现则是引发其他分子生物学技术发展的突破口。

1. 限制性核酸内切酶

限制性核酸内切酶是一类能够识别双链 DNA 分子中的某种特定核苷酸序列，并由此切割 DNA 双链的核酸内切酶。在重组 DNA 技术中是重要的工具酶之一，被誉为"切割基因的魔术剪"。由于 I 型和 III 型酶的种种缺陷，致使它们在分子克隆中使用不多，而广泛应用的是 II 型限制酶。

（1）限制性核酸内切酶的命名

限制性核酸内切酶采用细菌属名与种名相结合的命名方法，通常包含 3 个或 4 个字母：第一个字母是酶来源的细菌属名的第一个字母，用大写斜体表示；第二、三个字母是细菌种名的前两个字母，用小写斜体表示；第四个字母是细菌的变种或品系的第一个字母，用大写或小写表示；最后的罗马数字 I、II、III 等则是根据同一微生物细胞中几种限制酶的发现和分离先后顺序而定。例如，来源于 *Escherichia coli* R 株菌株的限制性核酸内切酶 *Eco*R I，属名为 *E*，种名为 *co*，株名为 R，序数为 I，其名称为 *Eco*R I。

（2）限制性核酸内切酶的作用特点

II 型酶的识别位点和切割位点为同一序列，通常识别 4~8 个呈回文结构（碱基排列如回文联"雾锁山头山锁雾，天连水尾水连天"描述的排列特点）双重对称的核苷酸对，这样的序列称为限制性内切酶的识别序列。由于酶切反应发生在识别序列内部或紧邻位置，因此该序列也被称为限制酶的切割位点或靶序列。双重对称轴上切点的位置因酶而异，有些酶在对称轴正中同时切割两条链，产生末端长度相等的平末端 DNA 片段（图 3-3）。而另一些酶则在对称轴两侧相对应的位点上分别切割一条链，产生带有 3′突出或 5′突出的黏性末端 DNA 片段（图 3-4）。几种常见的限制性核酸内切酶酶切位点及末端类型见表 3-2。

表 3-2　常用限制性核酸内切酶酶切位点和切口类型

内切酶名称	酶切识别位点	末端类型
Hpa I	GTTAAC CAATTG	平末端
Alu I	AGCT TCGA	平末端
Not I	GCGGCCGC CGCCGGCG	5′黏性末端
Sfi I	GGCCNNNNNGGCC CCGGNNNNNCCGG	3′黏性末端

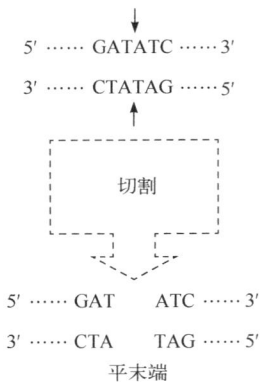

图 3-3　EcoR V 对 DNA 链的切割　　　　　　图 3-4　EcoR I 对 DNA 链的切割

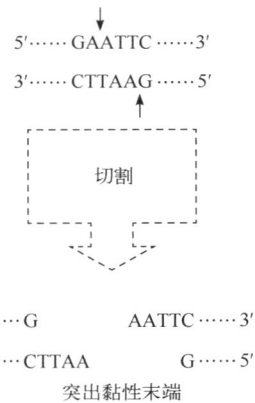

有一些来源不同的限制酶虽然识别的序列不同，但却能在切割后产生相同的黏性末端，这类酶称为同尾酶。还有些来源不同的限制酶能够识别相同的靶序列，但在酶活性、对甲基化的敏感性等方面不同，这类酶称为同裂酶。在 DNA 重组中非常有用，如 Sal I（GTCGAC）和 Xho I（CTCGAG）切割后就能产生相同的黏性末端 TCGA，可以连接得到重组体。

（3）限制酶活性的影响因素

一个单位酶的定义为：在适宜的温度和缓冲液及 20 μL 反应体积中 1 h 内完全降解 1 μg DNA 所需的酶量。

每一种限制酶都有自己最适宜的反应条件，影响酶活性的因素主要包括：DNA 甲基化、缓冲液离子浓度、有机试剂污染、温度等。DNA 的甲基化主要是甲基化酶的作用，甲基化酶主要存在于许多细菌以及真核生物细胞中，在分子克隆操作时需特别注意：若质粒 DNA 来源于携带甲基化酶的大肠杆菌菌株，其识别序列可能已被甲基化修饰，从而导致某些限制性内切酶无法切割。此外，哺乳动物 DNA 中许多 CpG 双核苷酸往往被甲基化为 m^5CpG，从而使许多对甲基化敏感的限制酶无法切割 DNA。反应体系主要受缓冲液影响。缓冲液中的 Na^+ 和 Mg^{2+} 浓度对酶的活性影响很大，因为每一种限制酶均要求各自的最适离子强度。通常商品出售的限制酶同时配送相应的缓冲液，如 *Acc* I 要求 25 mmol/L NaCl 和 6 mmol/L $MgCl_2$，*Pst* I 则要求 100 mmol/L NaCl 和 10 mmol/L $MgCl_2$，而 *Sma* I 仅在含 15 mmol/L KCl 缓冲液中才有活性。因此，在双酶切反应中要注意反应体系是否对两种酶均匹配。不管是核 DNA 还是质粒 DNA，在提取过程中均有可能受到细胞蛋白质、苯酚、氯仿、EDTA、SDS 等的污染。这些污染物若残留在 DNA 样品中，则会降低酶的活性，影响酶切反应；不同的限制酶有不同的最适反应温度，虽然大多数限制酶的最适温度为 37℃，但必须牢记也有的内切酶的最适温度不是 37℃，如常用的 *Sma* I 为 25℃、*Apa* I 为 30℃、*Bst*E II 为 60℃、*Mae*III 为 55℃、*Taq* I 为 65℃；除上述几个方面外，DNA 分子结构的复杂程度、酶的保存时间、酶反应时间等均影响酶切反应的效率。

酶切反应中常出现的问题原因以及解决办法见表 3-3～表 3-13。

表 3-3　酶切反应中部分切割的情况分析

原因	解决办法
限制酶活性丧失	使用 5～10 倍过量的酶，并检查是否存在引起酶活性丧失的条件
限制酶稀释不当	进行酶单位效价的测定或用新鲜的酶液重新稀释
存在抑制剂，例如 SDS、酚、EDTA，或来自微型离心管的增塑剂	对当前酶液进行酶单位效价测定，明确抑制剂对酶活性的影响程度；若抑制剂影响较严重，可更换新鲜酶液并重新稀释
反应条件不适当	配制新鲜的缓冲液，检查反应温度。使酶切反应过夜，并加 0.01% 的 Triton X-100 以提高保温过程中酶的稳定性。用已知 DNA 检查限制酶的活性
待测 DNA 完全酶切比已知 DNA 需要更高的酶量	若需促进待测 DNA 完全酶切，可在常规酶量基础上增加 5～10 倍酶量；但需注意控制反应时间，并可添加 BSA 以降低酶的星活性风险
DNA 不纯	加 5～10 倍过量的酶进行酶切
部分识别点甲基化（如 *Xba* I 不能切割甲基化的 λDNA）	加 5～10 倍过量的酶进行酶切

表 3-4　酶切反应中不切割的情况分析

原因	解决办法
限制酶失活	用已知 DNA 检查限制酶活性
存在抑制剂，如 SDS、酚、EDTA 等	用 1/2 体积 7.5 mol/L 的乙酸铵加 2 倍体积的乙醇沉淀 DNA 2 次或透析 DNA 样品

原因	解决办法
缓冲液组分或湿度不适	配制新鲜缓冲液，检查反应温度
DNA 甲基化（例如 *EcoR* Ⅱ不能切割甲基化 pBR322 DNA）	将待切割的 DNA 与已知 DNA 混合后用合适的酶进行切割；选用对甲基化不敏感的同裂酶；在 *E.coli* mec⁺dam⁺宿主中繁殖质粒
DNA 未甲基化（例如 *Dpn* Ⅰ只能切割甲基化的 DNA）	在 *E.coli* mec⁺dam⁺ 宿主中繁殖质粒，使用能切割未甲基化 DNA 的同裂酶（例如用 *Sau*3A 代替 *Dpn* Ⅰ）
其他类型的 DNA 修饰	将已知 DNA 与待切割的 DNA 混合，然后用所选的限制酶切割，检查 DNA 中是否存在其他修饰
DNA 不纯	比较限制酶切割待测 DNA 与已知 DNA 能力的差异，检查 DNA 纯度。用柱色谱或用 2 倍体积的乙醇、1/2 体积 7.5mol/L 乙酸铵，在–70℃下放置 30 min，重复沉淀 DNA 2 次去除杂质
DNA 序列不存在限制酶的酶切位点	首先如上所述确定限制酶有活性和无抑制剂。加 10 倍过量的限制酶。选用其他几种限制酶切割 DNA，以确定不切割不是由于 DNA 中的杂质或 DNA 甲基化造成的

表 3-5　酶切反应中 DNA 片段超过期望值的情况分析

原因	解决办法
限制酶的"星号"活性	检测在标准酶切条件下是否产生多余的 DNA 片段。检查酶切反应条件，尤其是甘油的浓度。或是否以 Mn²⁺ 代替了 Mg²⁺，用 1/2 体积的乙酸铵、2 倍体积乙醇，在–70℃下放置 30 min，重复沉淀 DNA 2 次；降低酶的用量至最低点
存在第二种限制酶	通过比较 DNA 的酶切谱带检测出第二种酶活性
待测 DNA 中存在其他 DNA	通过比较加酶前后 DNA 的凝胶电脉进行检测；用其他限制酶切割该 DNA；用凝胶电泳或柱层析纯化 DNA

表 3-6　酶切反应中未能获得期望的酶活性的情况分析

原因	解决办法
所有的 DNA 与确定酶活性所用的 DNA 不一样	用确定酶活性的 DNA 进行反应
BSA 的浓度不当	在测定及贮存缓冲液中使用推荐的 BSA 浓度
酶活性的丧失	在测定及贮存缓冲液中使用推荐的 BSA 浓度

表 3-7　酶切反应中无 DNA 带的情况分析

原因	解决办法
DNA 定量计算错误（如 RNA 污染使定量偏高）	用 100 μg/mL 无 DNA 酶的 RNA 酶处理 DNA，酚抽提，然后透析或用 2 倍乙醇沉淀 2 次
反应体系中存在非特异性沉淀	测定之前透析或用乙醇沉淀 DNA 2 次

表 3-8　酶切反应中由于贮存引起的限制酶活性迅速下降的情况分析

原因	解决办法
贮存温度不当	在推荐的缓冲液中加入 50%甘油，将酶贮存在–20℃无霜冰箱中
蛋白质浓度过低	在酶液中加入 500 μg/mL 无核酸酶的 BSA

表 3-9　酶切反应中切割超旋 DNA 困难的情况分析

原因	解决办法
DNA 结构	用拓扑异构酶Ⅰ松弛 DNA 然后酶切。先用另一种限制酶使质粒 DNA 线性化，或使用过量的限制酶

表 3-10　酶切反应中凝胶电泳后 DNA 谱带扩散的情况分析

原因	解决办法
蛋白质与 DNA 结合	电泳之前，将已酶切过的 DNA 在 0.1% SDS 中 65℃下保温 5 min
核酸外切酶污染	检查放射性标记过的 DNA 与限制酶保温之后酶溶性物质中放射性强度。减少酶的用量或缩短保温时间

表 3-11　酶切反应中连接效率低的情况分析

原因	解决办法
从酶切反应带来的盐或磷酸根浓度过高	酶切后透析处理 DNA 片段；或用小分子筛柱子或多次乙醇沉淀除去磷酸根或无机盐
限制酶未除尽	酶切反应后用等体积饱和过的酚、氯仿和乙醚抽提 DNA 然后乙醇沉淀
碱性磷酸酶未除尽	磷酸酶处理后，用饱和过的酚、氯仿和乙醚抽提 DNA 然后用乙醇沉淀
ATP 酶污染	用等体积的酚、氯仿和乙醚抽提 DNA，然后用乙醇沉淀
平末端连接	使用过量的 T4 DNA 连接酶（1~2 单位/pmol 游离末端）
核酸外切酶污染	用上述方法进行检测，减少酶的用量或缩短保温时间
缓冲液成分不稳定	配制新鲜的连接缓冲液

表 3-12　酶切反应中激酶作用效率低的情况分析

原因	解决办法
从酶切反应带来的磷酸盐含量过高	用透析、分子筛或柱色谱去除磷酸盐
富含 GC 的末端自身退火	激酶反应之前将 DNA 置 65℃下处理 5 min

表 3-13　酶切反应中乙醇沉淀 DNA 后存在大量沉淀物的情况分析

原因	解决办法
$Mg_3(PO_4)_2$ 沉淀	透析 DNA 沉淀；使用无磷酸根或磷酸根含量很低的反应缓冲液；或在 DNA 沉淀之前加入过量 EDTA 以螯合 Mg^{2+}

2. 连接酶

DNA 连接酶是 1967 年发现的，它通过形成磷酸二酯键使两条 DNA 链连接起来，磷酸二酯键的形成需要能量，所以连接反应体系中需要能源分子如 ATP 的存在。连接酶是分子克隆中不可缺少的工具酶之一，被誉为"连接基因的缝合针"。

目前在分子克隆中使用的 DNA 连接酶主要有两种，即大肠杆菌 DNA 连接酶和 T4 DNA 连接酶，前者是直接从大肠杆菌中纯化分离的，而后者是从 T4 噬菌体感染的大肠杆菌中分离纯化的，由大肠杆菌 T4 噬菌体编码。这两种连接酶均可催化带匹配黏性末端的双链 DNA 分子之间的连接反应，它们可在黏性末端碱基配对后的 3′-OH 与 5′-P 末端之间形成磷酸二酯键（图 3-5）。所不同的是 T4 DNA 连接酶还可以催化两个具有平末端的双链 DNA 片段之间的连接反应（图 3-6），而大肠杆菌连接酶在普通反应体系中不具备此活性。因此，在分子克隆中 T4 DNA 连接酶更为常用。需要注意，两种 DNA 连接酶可以通过形成磷酸二酯键封闭 DNA 分子上相邻核苷酸之间的切口，但却不能封闭缺少一个或几个核苷酸的缺口。关于 T4 DNA 连接酶的活性，大多数制造商，现在都用 Weiss 单位，一个 Weiss 单位是指在 37℃ 下 20 min 内催化 1 nmol ^{32}P 从焦磷酸根置换到〔γ.β-^{32}P〕ATP 所需的酶量。一般而言，在 DNA 片段连接反应中，反应体积应尽可能小，在 4～37℃ 范围内，温度越高，反应速度越快，但许多实验证实，在 4℃ 下过夜其连接效率比室温或 37℃ 下高。通常连接反应可在 4℃ 下过夜，或者 15℃ 下过夜，或者 15℃ 下 4～6 h，或者 25℃ 下 1 h。

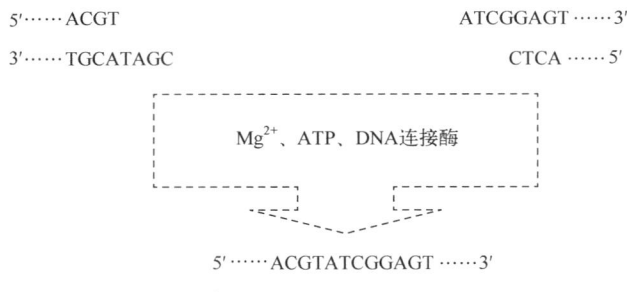

图 3-5　DNA 连接酶的作用示意图

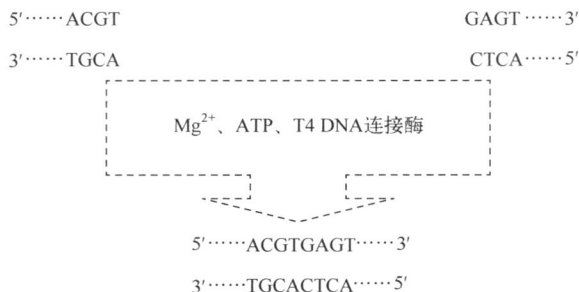

图 3-6　T4 DNA 连接酶的作用示意图

3. 聚合酶

DNA 重组中的许多步骤都涉及在 DNA 聚合酶催化下的 DNA 体外合成反应。这些酶聚合时大多需要模板，合成产物的核苷酸序列则与模板互补。根据对不同模板的依赖性可将聚合酶分为：依赖 DNA 的 DNA 聚合酶，包括 DNA 聚合酶I、DNA 聚合酶I 大片段（Klenow 片段）、T4 DNA 聚合酶、T7 DNA 聚合酶、测序酶和 *Taq* DNA 聚合酶等；不依赖 DNA 的 DNA 聚合酶，如末端转移酶；依赖 RNA 的 DNA 聚合酶，如反转录酶；依赖 RNA 的 RNA 聚合酶，如 *E.coli* RNA 聚合酶，噬菌体 SP、T7、T3 RNA 聚合酶；不依赖 DNA 的 RNA 聚合酶，如多聚（A）聚合酶等。

（1）大肠杆菌 DNA 聚合酶I（全酶）

1956 年，Kornberg 首先从大肠杆菌细胞中分离出此酶。它由分子质量为 109000 Da 的单条多肽链组成，具有优秀的 $5' \rightarrow 3'$ DNA 聚合酶活性，以单链 DNA 为模板催化单核苷酸结合到 DNA 引物的 3'-OH 末端，沿 $5' \rightarrow 3'$ 的方向按模板顺序合成 DNA 链（图 3-7）。

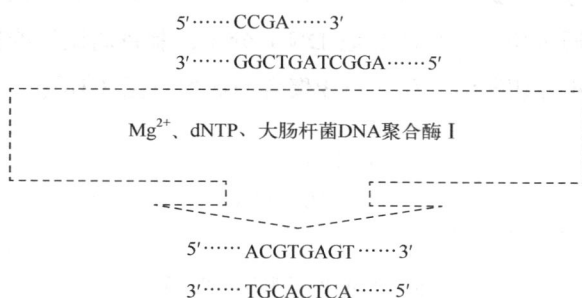

5′……CCGA……3′

3′……GGCTGATCGGA……5′

Mg^{2+}、dNTP、大肠杆菌DNA聚合酶I

5′……ACGTGAGT……3′

3′……TGCACTCA……5′

图 3-7 $5' \rightarrow 3'$ DNA 聚合酶活性（大肠杆菌 DNA 聚合酶I）

除了聚合酶活性，同时还具备外切酶活性。

$3' \rightarrow 5'$ 外切酶活性：从 3'-OH 末端降解双链 DNA 或单链 DNA 分子成为单核苷酸，其对双链 DNA 的外切酶活性可被本身 $5' \rightarrow 3'$ DNA 聚合酶活性所抑制，也可被带有 5'-P 的 dNTP 所抑制（图 3-8）。

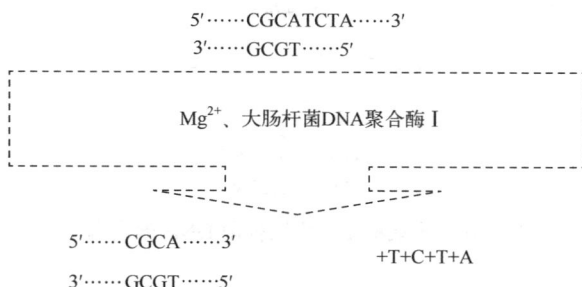

5′……CGCATCTA……3′

3′……GCGT……5′

Mg^{2+}、大肠杆菌DNA聚合酶I

5′……CGCA……3′

3′……GCGT……5′   +T+C+T+A

图 3-8 $3' \rightarrow 5'$ DNA 外切酶活性（大肠杆菌 DNA 聚合酶I）

$5' \rightarrow 3'$外切酶活性: 从 5'端降解双链 DNA, 使之成为单核苷酸; 也可以降解 RNA/DNA 杂交体中的 RNA 链, 即具有 RNA 酶 H 活性 (图 3-9)。

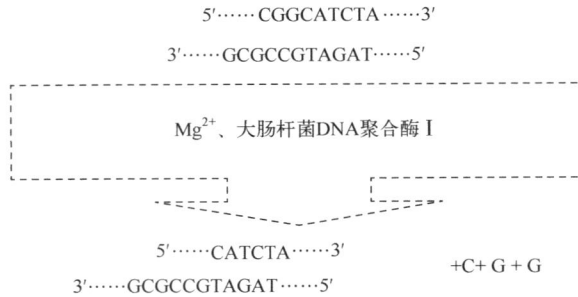

5'······CGGCATCTA······3'

3'······GCGCCGTAGAT······5'

Mg^{2+}、大肠杆菌DNA聚合酶 I

5'······CATCTA······3'   +C+ G + G

3'······GCGCCGTAGAT······5'

图 3-9　$5' \rightarrow 3'$DNA 外切酶活性 (大肠杆菌 DNA 聚合酶 I)

根据上述大肠杆菌 DNA 聚合酶 I 的不同作用特点, 在分子克隆中该酶可以用于: DNA 分子 3'突出尾的末端标记, 这一方法主要利用了 $3' \rightarrow 5'$外切酶活性和 $5' \rightarrow 3'$聚合酶活性, 有时也称置换反应; 通过切口平移法标记 DNA 分子, 制备高比活的探针。这一方法主要利用了它的 $5' \rightarrow 3'$核酸外切酶活性和 $5' \rightarrow 3'$聚合酶活性 (图 3-10)。

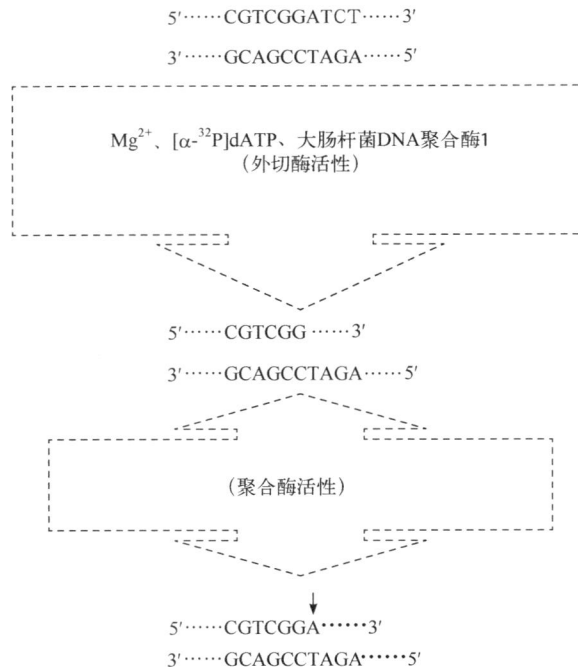

5'······CGTCGGATCT······3'

3'······GCAGCCTAGA······5'

Mg^{2+}、$[\alpha\text{-}^{32}P]$dATP、大肠杆菌DNA聚合酶1
(外切酶活性)

5'······CGTCGG······3'

3'······GCAGCCTAGA······5'

(聚合酶活性)

5'······CGTCGGA······3'

3'······GCAGCCTAGA······5'

图 3-10　末端标记 (大肠杆菌 DNA 聚合酶)

(2) 大肠杆菌 DNA 聚合酶 I 大片段（Klenow 片段）

该酶在 DNA 重组中的用途主要有：补平由 DNA 限制性内切酶反应产生的凹缺 3′末端，并且 Klenow 酶在所有限制酶的缓冲液中都能很好地作用；DNA 片段的末端标记，在 Klenow 酶的存在下，用〔α-^{32}P〕dNTP 填补凹缺了的 3′末端；随机引物法标记 DNA 片段，合成探针；在 cDNA 克隆中合成 cDNA 第二条链；双脱氧链末端终止法进行 DNA 测序。大肠杆菌 DNA 聚合酶 I 的 5′→3′外切酶活性在使用时常引起一些麻烦，因为它可以降解结合在 DNA 模板上的引物的 5′端，破坏引物完整性，而且可以从作为连接底物的 DNA 片段的末端除去 5′磷酸，从而阻碍连接反应。利用枯草杆菌蛋白酶处理后，产生的分子量为 76000 Da 的大片段分子，便称为 Klenow 片段或 Klenow 酶，该酶仅保留了全酶的 5′→3′聚合酶和 3′→5′外切酶活性。

(3) 修饰的 T7 DNA 聚合酶（测序酶）

天然的 T7 DNA 聚合酶具有聚合酶活性和对单、双链 DNA 的 3′→5′的外切酶活性。用还原剂、分子氧和低浓度的铁离子与该酶保温几天，可使其失去外切酶活性。这可能是由于铁离子与蛋白质结合后产生的活性氧自由基引起特殊位点修饰而使该酶失活。在几乎不影响蛋白质聚合能力的情况下可使 3′→5′核酸外切酶活性下降 99%以上，是双脱氧链终止法分析长 DNA 序列最理想的酶，其商品名为测序酶。后来，又利用基因工程方法生产了一种改进的测序酶（测序酶 2.0），这种改进的测序酶已完全没有核酸外切酶活性，是目前应用最广泛的测序酶。

(4) Taq DNA 聚合酶

Taq DNA 聚合酶是一种分子质量为 94 kDa 的耐热的 DNA 聚合酶，最初是从耐热细菌 Thermusaquaticus K 中纯化而得，现已有其基因工程酶。它催化 5′→3′聚合反应的最适温度为 75～80℃，聚合酶活力在 60℃时下降 50%，在 37℃时下降 90%。它主要用于 PCR 等核酸扩增反应。

(5) DNA 末端转移酶（加尾酶）

当二价阳离子存在时，末端转移酶可将 dNTP 加到 DNA 分子的 3′羟基末端，并伴随无机磷酸的释放。如要加的碱基是嘌呤，最好用 Mg^{2+}，若是嘧啶则使用 Co^{2+}。受体 DNA 可短至 3 个核苷酸，若受体 DNA 与核苷酸的比例适当，加尾反应可达数千个核苷酸。如果用双脱氧核苷三磷酸（ddNTP）或脱氧腺苷三磷酸（dATP）作底物，则可在 DNA 的 3′末端仅加上一个核苷酸。一般而言，带 3′突出末端的 DNA 最适合作为末端转移酶的受体，而在含 Co^{2+}、Mg^{2+}或 Mn^{2+}的低离子强度缓冲液中，带平末端或 3′凹缺末端的 DNA 也可作为受体，但反应效率较低（图 3-11）。

(6) 反转录酶

反转录酶缺乏 3′→5′外切酶活性，虽有依赖 DNA 的 5′→3′聚合酶活性，但 dNTP 的掺

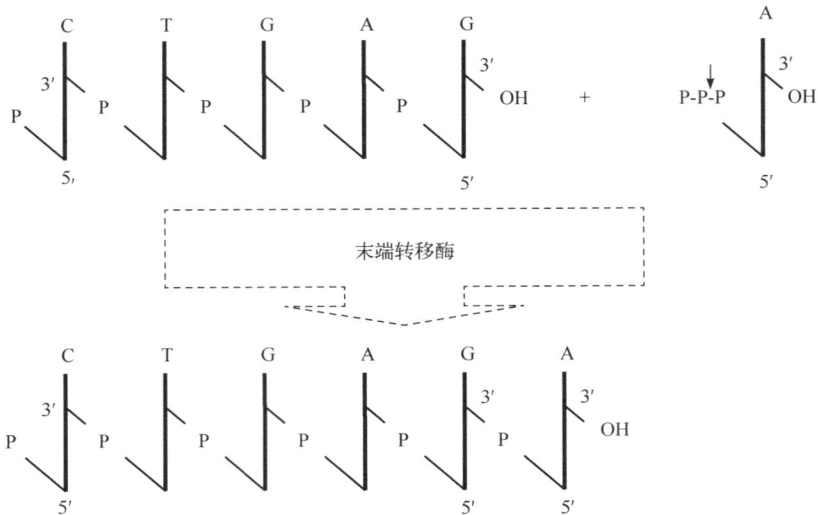

图 3-11　末端转移酶催化尾反应示意图

入速率很低。它的主要用途是将 mRNA 反转录成互补 DNA，即 cDNA；亦可用 mRNA 为模板直接制备杂交探针。在这些反应中，可以使用三类引物：寡聚 dT 引物：它可与真核生物 mRNA 3′末端的 poly（A）互补结合。随机引物：一群随机引物可结合于 mRNA 的不同部位。专一特定引物：它可与 mRNA 的特定部位结合，合成 cDNA。目前使用的反转录酶主要有：一种来自禽类成髓细胞瘤病毒（AMV），另一种来自鼠白血病病毒（*M-MLV*）。

（7）其他修饰酶

除上述的限制性内切酶、连接酶、聚合酶之外，还有一些修饰酶在重组 DNA 中也非常有用，如碱性磷酸酶、外切核酸酶等。常用的碱性磷酸酶主要有两种：从大肠杆菌中分离出的细菌碱性磷酸酶（BAP）和从小牛肠道中分离的小牛肠碱性磷酸酶（CIAP 或 CIP）。常用 DNA 内切酶有：单链内切酶（S1 核酸酶、BaL 31 核酸酶和绿豆核酸酶）、双链 DNA 内切酶（DNase Ⅰ）、RNA 内切酶（RNase A 和 RNase H）等。这些修饰酶在基因工程中也发挥着较为重要的作用。

技能训练

实训 7　限制性核酸内切酶酶切

任务目的

1. 掌握应用限制性核酸内切酶 *Eco*R Ⅰ 切割 λDNA 及质粒操作技能。

2. 熟悉琼脂糖凝胶电泳及酶切结果观察。

任务描述

*Eco*R Ⅰ酶可识别 DNA 中 G↓AATTC 核苷酸序列，并在箭头处将其切开。λDNA 是大肠杆菌的一种温和噬菌体 DNA，双股线状，分子大小为 48.5 kb。λDNA 含有 5 个 *Eco*R Ⅰ 酶识别位点，可将 λDNA 切成 6 个大小不同的片断。pBR322 DNA 为人工构建的质粒 DNA，分子大小为 4.3 kb，含有 1 个 *Eco*R Ⅰ酶切点，切割后由环状 DNA 变为线形 DNA。

任务准备

1. 器材

水浴锅、琼脂糖凝胶电泳系统、凝胶成像仪等。

2. 试剂

① 限制性核酸内切酶 *Eco*R Ⅰ。

② λDNA（0.1 μg/μL），pBR322 DNA（0.25 μg/μL）。

③ *Eco*R Ⅰ酶切缓冲溶液 10×。

④ 去离子水。

⑤ 电泳及染色用材料。

任务实施

设计酶切方案 → 配制酶切反应体系 → 进行酶切反应 → 电泳分析

① 取洁净 EP 管 2 只，分别按表 3-14 加入以下实验试剂。

表 3-14　试剂组分

组分	1 号管	2 号管
10×限制性核酸内切酶缓冲溶液	2 μL	2 μL
λDNA	10 μL	—
pBR322 DNA	—	10 μL
*Eco*R Ⅰ	1 μL	1 μL
双蒸水	补足至 20 μL	补足至 20 μL

② 混匀，放 37℃水浴 1~2 h。70℃水浴 10 min 以终止反应，冷却至室温，待琼脂糖凝胶电泳检测。

注意事项

① 换取新的灭菌枪头取酶，防止污染。

② 加入过量的内切酶，可以缩短反应时间并达到酶解完全的效果，但不能过分加大酶

量，许多内切酶过量本身会导致识别序列的特异性下降。

双酶切：Cry1Ac 蛋白是对玉米螟杀虫活性最好的蛋白质之一。因此可将 *Cry1Ac* 基因导入玉米细胞中进行表达。首先需要人工合成 *Cry1Ac* 基因片段，然后通过 PCR 扩增，回收 PCR 产物片段后连接入 pGEM®-T Easy 载体。同时用 *Eco*R I 和 *Xho* I 对重组质粒 pGEM®-T Easy/Cry1Ac 和大肠杆菌表达载体 pET-30a(+)按照下表体系双酶切 3 h。

双酶切体系	用量
双蒸水	13 μL
10×H（缓冲液）	2 μL
pET-30a(+)/Cry1Ac 重组质粒	3 μL
内切酶 *Eco*R I	1 μL
内切酶 *Xho* I	1 μL
总体积	20 μL

任务结果与评价

例如用 1%琼脂糖凝胶电泳检测酶切结果，实验结果如图 3-12 所示。

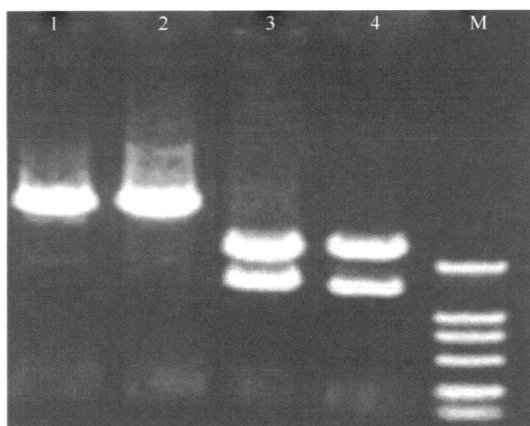

图 3-12　质粒酶切鉴定结果

1，2-原质粒；3，4-酶切后的质粒；M-DNA Marker

任务结束后，完成《学生技能训练手册》考评工单。

<u>工作反思</u>

1. 如何减少酶失活的影响?
2. 可以采取哪些措施减少杂酶的影响?

技能训练

实训 8　DNA 的连接

<u>任务目的</u>

1. 掌握 DNA 片段连接的方法。
2. 熟悉不同末端 DNA 连接的原理。

<u>任务描述</u>

在进行 DNA 酶切时,选择合适的限制酶消化目的 DNA 和载体 DNA,可使两者产生同源末端,包括黏性末端和平末端。DNA 的连接就是在一定的条件下,由 DNA 连接酶催化两个双链 DNA 片段相邻的 5′端磷酸和 3′端羟基之间形成新的磷酸二酯键的过程。

<u>任务准备</u>

1. 器材

离心机、恒温水浴箱、涡旋振荡器、Eppendorf 管、微量加样器、枪头。

2. 试剂

10×DNA 连接酶缓冲液、T4 噬菌体、DNA 连接酶、无菌双蒸水。

<u>任务实施</u>

配制连接体系 → 保温进行连接反应 → 产物鉴定和保存

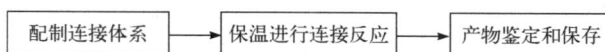

1. 按照下列体系在一个离心管中加入相应试剂和溶液

10×DNA 连接酶缓冲液	2 μL
DNA 片段（10 μg）	α μL
载体 DNA（1 μg）	β μL
双蒸水	17−α−β μL
T4 DNA 连接酶	1 μL

DNA 片段的摩尔数应控制在载体 DNA 摩尔数的 3～10 倍,总反应体积为 20 μL。

2. 连接反应

将上述反应体系置于16℃保温过夜。反应后，取少量连接产物进行琼脂糖电泳，观察连接效果。连接产物可直接用于转化或者贮存于–20℃冰箱里备用。

注意事项

① 一般情况下，酶浓度越高，反应速度越快、产量也高，但连接酶是保存于50%甘油中的，在连接反应体系中甘油含量过高会影响连接效果，建议连接酶的加入体积不超过总体积的10%。

② 黏性末端连接时有可能出现目的片段的多拷贝插入，而平末端连接时没有黏性末端的碱基互补限制，所以平末端外源DNA片段在载体中的插入方向有两种可能性，需要对重组体进行内切酶谱分析，才能筛选出含有正确插入方向和单拷贝插入片段的重组体。

③ 高纯度DNA是连接反应成功的关键，要特别注意避免酚、SDS和琼脂糖凝胶中杂质的污染。

任务结果与评价

电泳时要同时点样DNA标记（Marker）来判断连接产物的分子量，最好还能加上载体酶切片段和目的基因酶切片段作为对照。连接反应后，可以取适量连接产物进行琼脂糖凝胶电泳，观察连接反应结果。

任务结束后，完成《学生技能训练手册》考评工单。

工作反思

影响连接的因素包括哪些？

知识小结

1. 重组DNA技术需要各种工具酶，连接酶和限制性内切酶是最重要的工具酶。DNA连接酶有T4 DNA连接酶和大肠杆菌DNA连接酶两种。T4 DNA连接酶可用于双链DNA片段互补黏性末端和平末端的连接，重组DNA技术中常用T4噬菌体DNA连接酶。限制性内切酶是一类能够识别DNA的特殊序列，并在识别位点及其周围切割双链DNA结构的核酸内切酶。其中Ⅱ型酶能够在识别序列的固定位点切割双链DNA，识别序列与切割序列一致，而且能产生具有相同末端结构的DNA片段，也称为限制酶。

2. 载体是携带外源基因进入宿主细胞进行扩增表达的工具，常用的载体主要有质粒、噬菌体、柯斯质粒和病毒等。质粒是重组DNA技术中最常用的基因克隆载体。

3. 实验中T4噬菌体DNA连接酶虽然既可催化DNA黏性末端的连接，也能催化DNA

平末端的连接，但是平末端 DNA 分子的连接在效率上要明显低于黏性末端间的连接。黏性末端的连接比平末端的连接大致快 100 倍。因为平末端缺乏互补的单链区域，无法通过碱基配对发生退火作用，导致末端的 5′-磷酸基团与 3′-羟基相互靠近并形成连接的机会显著降低。目的基因片段与载体分子在 DNA 连接酶的作用下形成磷酸二酯键，在体外产生重组体分子是基因操作实验中最为频繁的操作，也是基因工程 DNA 重组技术中非常关键的一步，纯化切割后的目的基因只有与带有自主复制起点的载体连接，才能进一步转化得到真正的克隆。

? 能力测验

一、填空题

1. 重组 DNA 技术是＿＿＿＿＿＿＿＿＿＿＿＿＿＿＿＿＿＿＿＿＿＿＿＿＿＿＿＿＿。
2. 载体的化学本质是＿＿＿＿＿，在基因克隆中，将＿＿＿＿＿＿＿＿＿＿＿＿＿＿＿称为载体。
3. 限制性内切酶是一类＿＿＿＿＿＿＿＿＿＿＿＿＿＿＿＿＿＿＿＿＿的核酸内切酶。
4. 基因工程载体应该具备的特征有＿＿＿＿＿、＿＿＿＿＿、＿＿＿＿＿、＿＿＿＿＿。
5. 质粒按照复制起始点被分为不同类型，有些质粒的复制起始点较特异，只能在一种特定的宿主细胞中复制，称为＿＿＿＿＿＿＿＿；还有些质粒的复制起始点不具有特异性，可以在许多种细菌细胞中复制，称为＿＿＿＿＿＿＿＿。

二、选择题

1. （　　）是指接纳载体或重组分子的转化细胞。
A. 非转化子　　　　　　　　B. 转化子

2. （　　）是指含有重组 DNA 分子的转化子。
A. 非重组子　　　　　　　　B. 重组子

3. 识别不同序列但切出的 DNA 片段具有相同末端序列的酶称为（　　）。
A. 甲基化酶　　　　　　　　B. 同位酶
C. 同尾酶　　　　　　　　　D. 同裂酶

4. 关于 II 型限制性核酸内切酶，下列说法中错误的是（　　）。
A. 每一种酶都有各自特异的识别序列
B. 每一种酶的识别序列都绝对不相同
C. 每一种酶都在识别位点内部或两侧切割
D. 酶的识别序列中往往含有回文结构

5. （多选）基因工程中 Klenow 片段的应用包括（　　）。
A. 补平 DNA 3′凹端　　　　　　B. 合成 cDNA 第二条链
C. 切平 DNA 3′凸端　　　　　　D. Sanger 合成测序

6. 有一些来源不同的限制酶虽然识别的序列不同，但却能在切割后产生相同的黏性末端，这类酶称为（　　　）

A. 同裂酶　　　　　　　　　　B. 同尾酶

7. （　　　）可与 mRNA 的特定部位结合，合成 cDNA。

A. 寡聚 dT 引物　　　　　B. 随机引物　　　　　C. 专一特定引物

8. 细菌质粒载体所能携带的外源基因只限于（　　　）以下的 DNA 片段。

A. 50 kb　　　　　　　　　　B. 30 kb

C. 40 kb　　　　　　　　　　D. 10 kb

9. 柯斯质粒是一种（　　　）。

A. 容量最大的载体

B. 由λDNA 的 cos 区与质粒重组而成的载体

C. 单链 DNA 环状载体

D. 不能在受体细胞内复制，但可以表达的载体

10. pUC 质粒与 pBR322 质粒比较增加的元件有（　　　）。

A. *lac Z'*　　　　　　　　　B. MCS（多克隆位点）

C. 增强子　　　　　　　　　　D. 启动子

三、简答题

1. 简述分子克隆载体通常具有的特点。

2. 限制酶都有最适宜的反应条件，影响酶活性因素主要包括哪些？

项目二

重组 DNA 的基本步骤

重组 DNA 技术是指在基因分子水平上采用与机械工程设计十分类似的方法，首先按照需要进行设计，规划出方案，然后按方案人为地将核酸分子插入质粒、病毒或其他载体中，构成遗传物质的新组合（即重组载体分子），并将这种重组分子转移到原先没有这类分子的宿主细胞中去扩增和表达，从而使宿主或宿主细胞获得新的遗传特性或形成新的基因产物，创建出具有相应遗传性状的生物品系，并能使之能稳定地遗传给后代。

学习掌握重组 DNA 的基本操作步骤，包括目的基因的制备、载体选择与构建、目的基因与载体连接、重组 DNA 导入宿主细胞、重组 DNA 筛选与鉴定、外源基因的表达、分离与纯化等过程。

必备知识

重组 DNA 的基本操作步骤见图 3-13。

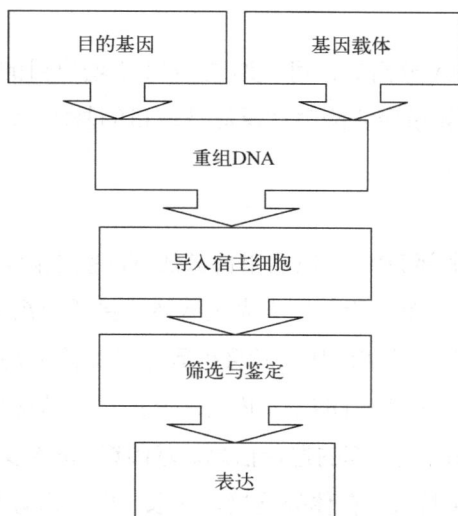

图 3-13　重组 DNA 的基本操作步骤示意图

一、目的基因的制备

根据操作目的和基因来源的差异，可选用不同的试验方法获取目的基因。目的基因是指待研究或应用的某一特定基因或 DNA 序列，又称为靶基因、外源基因。常用的获取外源目的基因的途径主要有：化学合成法、cDNA 文库、聚合酶链式反应（PCR）、基因组 DNA 文库等。

1. 化学合成法

根据已知目的基因的核苷酸序列或某种基因产物的氨基酸序列推导出该蛋白质多肽编码基因的核苷酸序列，利用 DNA 合成仪依据化学反应合成原理直接人工化学合成目的基因序列。化学合成法具有快速、有效、不需收集基因来源的特点，常适用于合成分子量较小的目的基因、数十个核苷酸长度的寡核苷酸片段，如人生长激素释放因子、干扰素、胰岛素等。

2. cDNA 文库

以 mRNA 为制备模板，根据碱基配对原则，应用逆转录酶合成 cDNA 片段，若将某一器官、组织或细胞的全部 mRNA 经过逆转录制成 cDNA 后与合适的载体连接，转化受体菌，则每个菌体内含有一段 cDNA，并且能繁殖扩增，这样包含着细胞全部 mRNA 信息的 cDNA 克隆体，称为 cDNA 文库（C-文库）。建立 cDNA 文库与基因组 DNA 文库的最大区别是 DNA 的来源不同。cDNA 文库是取细胞中全部的 mRNA 经逆转录酶生成 DNA（cDNA），其余构建过程二者相类似。

3. 聚合酶链式反应

原核细胞，基因组 DNA 分离后，可以通过 PCR 扩增出目的基因。对于真核细胞，常采用成熟的 mRNA 通过逆转录聚合酶链式反应获取目的基因。这是研究真核细胞基因经常用的获得目的基因的操作方法。

4. 基因组 DNA 文库

从机体组织细胞提取全部 DNA，然后用机械法或限制性内切酶随机将基因组 DNA 切割成大小不同片段，再将每一个片段与适当克隆载体拼接成重组 DNA，将所有的重组 DNA 分子全部导入受体细胞并进行扩增操作，就会得到分子克隆的混合体，这一含有全部基因片段的分子克隆混合体称为基因组 DNA 文库（G-文库）。其储存着一个细胞或机体的全部基因组 DNA 序列，含有基因组全部的遗传信息。基因组 DNA 文库构建一般过程：制备载体 DNA、制备基因组 DNA 片段、在体外连接与包装、以重组噬菌体感染大肠杆菌、鉴定、扩增与保存基因文库。

二、选择、构建载体

根据实验目的选择合适载体，获得目的基因后必须将其插入合适的载体中才能够在宿主细胞内扩增或表达。pUC 系列载体主要用于构建 cDNA 文库和克隆较小的 DNA 分子片段，柯斯质粒载体、λ 噬菌体载体主要用于构建基因组 DNA 文库。

三、连接载体与目的基因

通过限制性核酸内切酶及 DNA 连接酶的作用，将外源基因与载体分子连接成一个重组 DNA 分子（即体外重组 DNA）。将目的基因与载体连接时，实验步骤尽可能简便易行；在目的基因的两端含有能够被一定的限制性核酸内切酶切割的位点序列，有利于回收插入片段和鉴定；连接后不改变目的基因的可读框。

根据目的基因末端性质的差异，可以通过不同的连接方式完成。平末端连接是指通过某些限制性核酸内切酶对 DNA 分子和载体 DNA 进行切割，从而产生平末端，带有平末端的 DNA 片段同样可以在 DNA 连接酶催化下进行连接。此外，如果目的基因和载体上没有相同的限制性内切酶位点，也可以用不同的限制性内切酶进行切割，产生的黏性末端则不能互补结合，但经特殊酶处理，变为平末端，也可进行平末端连接，但是只能用 T4 DNA 连接酶，一般平末端连接效率比黏性末端低得多。

黏性末端连接是指通过目的基因与载体 DNA 可用同一种具有唯一酶切位点的限制性核酸内切酶进行切割操作，形成具有相同黏性末端的线性 DNA 分子片段，由于它们具有互补的黏性末端结构，因此能够退火形成重组体分子，然后在 DNA 连接酶的作用下形成重组 DNA，这是比较方便的 DNA 体外重组的一种连接方法。

定向连接是指使将目的基因片段按一定的方向插入载体分子中的操作方法。定向连接是利用两种不同的限制性内切酶，分别切割目的基因和载体结构，可以产生两个不同的黏性末端结构。定向连接能有效地限制载体 DNA 的自身环化，提高重组操作效率，同时有利于目的基因的正确插入，保证开放性阅读框的正确，确保基因产物的成功表达。

人工接头连接是指当载体和目的基因上没有相同的酶切位点时，可以用人工合成的含有特定限制酶酶切位点的寡核苷酸片段（人工接头）连接到目的基因两端，再用该酶切位点的限制性内切酶酶切操作，获得和载体相同的黏性末端结构，并进行连接形成重组 DNA 分子。

同聚物加尾连接是指利用末端脱氧核糖核酸转移酶（TdT 酶）能催化 dNTP 加到单链

或双链 DNA 分子 3′末端的作用特点，在外源 DNA 片段和载体上加入互补的核苷酸多聚物黏性末端结构，然后通过互补同聚物之间的退火作用形成氢键，使黏性末端连接形成重组 DNA 分子。

四、将重组 DNA 导入宿主细胞

将体外构建的重组 DNA 分子导入合适的宿主细胞中才能进行复制、扩增和表达。作为宿主细胞应具有相应的特点：遗传稳定性高，易于扩增；具有接受外源 DNA 的能力，易于转化；限制修饰系统缺陷，假如相应细胞具有针对外源 DNA 的限制修饰系统，则可使转化的外源基因被降解，而降低转化效率；表达载体所含的选择性标志物应与宿主细胞基因型相匹配；从生物安全角度考虑，宿主细胞不能具有感染寄生性，即无致病性；内源蛋白水解酶缺乏或含量低，利于目的基因表达产物积累。常用宿主细胞包括大肠杆菌、枯草杆菌、酵母菌等。

重组 DNA 导入的方法有转化、转染和感染等多种方式，把带有目的基因的重组 DNA 引入原核细胞的过程称为转化；将重组 DNA 直接引入真核细胞的过程称为转染；若重组噬菌体 DNA 被包装到噬菌体头部成为有感染力的噬菌体颗粒，再以此噬菌体为运载体，将头部重组 DNA 导入宿主细胞中，这一过程称为感染，感染的克隆形成效率要比转染高出几个数量级。

在选择适当的宿主细胞（细菌）后，将重组 DNA 分子导入宿主细胞时，宿主细胞首先须经过一些特殊处理，使细胞的通透性发生改变，成为具备接受外源 DNA 能力的感受态细胞。在一定的条件下，将重组体与经过处理的感受态细胞混合培养，使重组 DNA 进入宿主细狍。电穿孔法是指宿主细胞在高压脉冲电流作用下，细胞膜可形成暂时性的微孔，可以使重组 DNA 分子进入宿主细胞内部。电穿孔法方法操作简单，无需制备感受态细胞，但需要专门的仪器设备，转化效率受电场强度、脉冲频率、脉冲时间等因素的影响，因此，导入前应进行预实验，针对不同的对象，选择最佳操作条件。$CaCl_2$ 转化法是指将处于对数生长期的细菌置于 0℃的 $CaCl_2$ 低渗溶液中处理，细胞膨胀成球形，形成感受态细胞，感受态细胞具有摄取外源 DNA 的能力，可使重组 DNA 进入细胞内。$CaCl_2$ 转化法适用于大多数的大肠杆菌菌株，因其简单、快速、重复性好而被广泛应用。脂质体介导法是指带正电荷的脂质体可以通过与重组 DNA 分子上带负电荷的磷酸基团结合，形成由阳离子脂质包裹 DNA 的颗粒，随后脂质体上剩余的正电荷与细胞膜上的负电荷基团结合，通过二者的融合将重组 DNA 分子导入细胞。脂质体介导法的优点是转染效率高、对细胞生长的影响小。

五、重组 DNA 分子的筛选与鉴定

在重组 DNA 分子转化、转染或转导过程中，并非所有的受体细胞都能被重组 DNA 分子转入，也无法控制目的基因片段与载体体外连接重组的过程，如可能会受到多拷贝插入 DNA、多种连接方式（载体自连、反向连接、环化连接）及各种可能的突变（如插入 DNA 或载体插入 DNA）等因素的影响。所以为了分离出含有目的基因的重组子，必须对重组 DNA 分子进行筛选与鉴定。根据不同的载体系统、宿主细胞特性及外源 DNA 性质的差别，从而选用不同的筛选鉴定方法。

载体的耐药性标记插入失活筛选是指在含有两个耐药性基因的载体中，如果目的 DNA 片段插入其中一个基因导致其失活，这样得到的宿主细胞便可以在含另一抗生素的培养基上生长，而不能在两种抗生素都加入的培养基上生长，这样就可以用两个分别含有不同抗生素的平板对照筛选出含有重组 DNA 分子的阳性菌落。例如，pBR322 质粒载体具有 Amp^r 和 Tet^r 抗生素抗性基因，在这两个基因之间有几个常用的限制酶酶切位点，便于外源基因插入。如用 BamH I 限制切割，则外源基因插入后，会造成 Tet^r 失活。这种重组 DNA 分子导入宿主细胞后，只能在含有氨苄青霉素的培养基上生长，而不能在含有四环素的培养基上生长。而在含有氨苄青霉素和四环素的培养基上都能够生长的细菌只能是未插入目的基因的空载体。

载体的耐药性标记筛选是一种使用广泛的筛选方法。大多数载体都带有抗生素的抗性基因（如 Amp^r 和 Tet^r 等），其编码产物可赋予宿主菌对相应抗生素的耐药性。当编码这些抗性基因的载体携带目的基因进入无抗性细菌后，被转化的阳性细菌获得抗生素抗性基因而表达耐药性，能在包含相应抗生素的培养板上生成菌落。未被转化的宿主细胞不表达耐药性，在包含相应抗生素的培养板上不能存活。

β-半乳糖苷酶系统筛选（即蓝白斑筛选）是指含 β-半乳糖苷酶基因（lacZ 基因）的质粒载体，当外源基因插入 lacZ 基因内的多克隆位点时，lacZ 基因被破坏，不能生成有活性的 β-半乳糖苷酶，在 IPTG 的诱导下不能将底物 X-gal 水解，菌落呈白色（阳性克隆）。而没有插入目的基因的空质粒，由于 lacZ 基因没被破坏，能表达有活性的 β-半乳糖苷酶，将底物 X-gal 水解，故菌落呈蓝色（阴性克隆）。据此，仅仅通过目测即可轻易地识别和筛选出可能带有重组 DNA 分子的菌落。

标志补救筛选是指当载体上具有和宿主菌的营养缺陷互补的基因时，载体表达的基因产物就可以弥补营养突变菌株的营养缺陷。如酵母的咪唑甘油磷酸脱水酶基因表达产物与细菌的组氨酸合成有关，把酵母基因组 DNA 随机切割后插入质粒载体中，将重组质粒转化到组氨酸缺陷型大肠埃希菌细胞，并在无组氨酸的培养基中培养，这样只有含酵母咪唑甘油磷酸脱水酶基因并获得表达的转化菌才能在无组氨酸的培养基中生长。

限制性内切酶图谱鉴定是指重组 DNA 分子由于插入了目的基因会改变载体 DNA 的限制性内切酶图谱，因此对初步确定是带有外源性 DNA 片段的重组体菌落，挑少量菌落进行培养，然后进行快速抽提得到重组 DNA，用限制性内切酶进行酶切和凝胶电泳分析，就可以判定是否有目的基因的插入。

凝胶电泳依据 DNA 的分子量差异进行分离。空载体片段较短，迁移率大，跑在前面；插入片段后形成的重组 DNA 分子量增大，迁移率减小，跑在空载体后面。通过比较条带位置即可快速判断重组与否。该方法操作简便、耗时短，是分离、鉴定与纯化 DNA 片段的常规手段。

核酸分子杂交鉴定是指利用碱基配对的原理进行核酸分子杂交，是鉴定基因重组体的常用方法，核酸分子杂交的方法有原位杂交、Southern 杂交和斑点杂交。PCR 鉴定是指如果已知目的基因的长度和两端的序列，就可以设计合成一对引物，以少量抽提得到的重组 DNA 为模板进行扩增，通过 PCR 产物的电泳分析可以确定是否有目的 DNA 的插入，此法除具有灵敏、快速的优点外，还可以检测目的基因的完整性。DNA 序列测定是最终确认重组分子中插入片段正确性的"金标准"，可精确定位外源序列、读码框及突变位点，因而被视为鉴定特异插入片段的最准确方法。

六、外源基因的表达、分离与纯化

外源基因在受体细胞内的表达，受到复制、转录（转录后加工）、翻译（翻译后加工）等多种因素的制约，还与表达载体的结构和表达体系有关。重组 DNA 技术的主要目的是使目的基因在某一细胞中得到高效的表达，产生具有生物学活性的多肽或蛋白质。基因表达体系包括表达载体的构建、受体细胞的建立、表达产物的分离和纯化等，可分为原核表达系统和真核表达系统。原核表达系统是将克隆的外源基因导入原核细胞，使其在细胞内快速、高效地表达目的基因产物，主要有大肠杆菌表达系统、芽孢杆菌表达系统、链霉菌表达系统等。大肠杆菌表达系统是采用最多的原核表达系统，具有培养简单、生长迅速、经济而又适合大规模生产的特点，人胰岛素、生长激素、干扰素等基因已在大肠杆菌系统中成功表达。原核细胞中表达外源基因要求：外源基因不能含有内含子，如果要在原核细胞中表达真核细胞基因，只能用 cDNA 或化学合成基因；外源基因与表达载体重组后，必须形成正确的开放阅读框架，以利于外源基因正确表达；外源基因必须置于原核细胞的强启动子和 SD 序列等元件控制下，以调控基因表达；外源基因转录生成的 mRNA

必须相对稳定并能有效翻译，所表达的蛋白产物不能对宿主菌有毒害作用，且不易被宿主的蛋白酶降解。真核表达系统是指在真核细胞中表达外源基因的系统，主要有酵母、昆虫及哺乳类动物细胞等系统。常用的真核细胞基因表达系统有酿酒酵母，其可以对蛋白质进行多种翻译后修饰；能把产生的外源蛋白质分泌到培养基中，而自身的分泌蛋白很少，便于分离纯化外源蛋白；具有较高的安全性，没有内毒素，无致病性，培养条件简单。

技能训练

实训 9　重组质粒 DNA 分子转入大肠杆菌

任务目的

1. 掌握利用 $CaCl_2$ 法制备和转化大肠杆菌感受态细胞的方法和技术。
2. 掌握重组 DNA 技术的基本步骤和操作技能。

任务描述

转化是将外源 DNA 导入大肠杆菌（外源 DNA 能自主复制），并表现出相应表型的过程。由于许多细菌（包括大肠杆菌）不能自动摄取 DNA，因此需要通过人为的方法导入 DNA。本实验采用 Ca^{2+} 处理受体菌（大肠杆菌）可诱导短暂的"感受态"，使之具有摄取外源 DNA 分子的能力。DNA 与 Ca^{2+} 结合亦可形成对 DNase 有抗性的复合物结合在细菌表面，一个短暂的 42℃ 热休克可促进细菌摄取 DNA-Ca^{2+} 复合物，提高转化效率。

任务准备

1. 器材和菌种

超净工作台、恒温水浴箱、恒温摇床、分光光度计、台式低温高速离心机、锥形瓶、10 mL 试管、玻璃涂布棒、10 mL 刻度吸管、90 mm 培养皿、灭菌 EP 管、灭菌枪头、40 mL 无菌塑料离心管、微量加样器、保温瓶、记号笔等。大肠杆菌 DH5α。

2. 培养基和试剂

① LB 液体培养基：蛋白胨 10 g，酵母提取物 5 g，NaCl 10 g，用 NaOH 调 pH 至 7.5～7.6，去离子水定容至 1000 mL，置 4℃ 保存，高压灭菌后使用。

② LB 固体培养基：在液体培养基中加入 1.5% 的琼脂，高压灭菌冷却至 60℃ 左右后倒平板。

③ 含氨苄青霉素（ampicillin，Amp）的 LB 琼脂平板：将配好的 LB 培养基高压灭菌后冷却至 60℃ 左右，加入氨苄青霉素，使其终浓度为 100 μg/mL，摇匀后铺平板。

④ 100 mmol/L CaCl₂：称 0.56 g CaCl₂，溶于 50 mL 双蒸水中，定容至 100 mL，用 0.22 μm 滤器过滤除菌或高压灭菌。分装于 4℃冰箱储存。

⑤ TE 缓冲液（pH 8.0）（市售，储存条件室温，有效期 1 年）：量取下列溶液于 500 mL 烧杯中，1 mol/L Tris-HCl 缓冲液(pH 8.0)，5 mL；0.5 mol/L EDTA (pH 8.0)1 mL，向烧杯中加入约 400 mL 双蒸水均匀混合；将溶液定容到 500 mL 后室温保存。

任务实施

```
感受态细胞的制备 ──→ 转化 ──→ 观察分析
```

1. 感受态细胞的制备

① 取–80℃储存的大肠杆菌 DH5α 菌种，用白金丝接种环直接蘸取菌液，在 LB 琼脂平板（不含抗菌素）上画线，37℃培养过夜。从 37℃培养 16～20 h 的平板上挑取一个单菌落，接入含 2 mL LB 培养基的试管中，于 37℃振荡、培养过夜（置摇床中，150 r/min）。取 0.2 mL 上述菌液（OD₆₀₀≈1.5），转入含 30 mL LB 培养基的三角瓶中，37℃振荡培养约 2.5 h（至 OD₆₀₀≈0.2）。

② 将培养物转入 50 mL 离心管中，置冰上 10 min，然后 2500 r/min、4℃离心 10 min。弃上清液，将细菌悬浮于 25 mL 100 mmol/L CaCl₂ 中，置冰浴 20 min，然后于 2500 r/min、4℃离心 10 min。弃上清液，将细菌重新悬浮于 0.5～1 mL 100 mmol/L CaCl₂ 中，置冰浴 30 min 或过夜，不要剧烈振摇试管，不要反复吹打细菌悬液。

2. 转化

① 准备 3 支 EP 管。1 号管：阴性对照，加 100 μL TE 缓冲液（pH 8.0）。2 号管：样品，加 100 μL TE 缓冲液+7 μL 连接反应混合物。3 号管：阳性对照，加 100 μL TE 缓冲液+1 μL pBV220 质粒（0.1 μg）。

② 将上述各管在冰上冷却 30 min，每管加入大肠杆菌感受态细胞 0.1 mL，继续保持在冰浴中 30 min。将各管转至 42℃水浴，2 min，再转至室温。将各管加入 0.8 mL 不含抗菌素的 LB 培养基，37℃温育 60 min。从每管取 0.1 mL 菌液，分别加入 LB 琼脂平板（含氨苄青霉素 100 μg/mL）中，用无菌玻璃涂棒将细菌均匀涂布到整个平板表面，室温放置 20 min，使液体吸收。37℃倒置培养 12～16 h 至单菌落形成。

注意事项

① 感受态细胞应保存在–70℃，避免反复冻融。

② 进行转化操作时，应根据相应温度及无菌条件的要求置感受态细胞于冰浴中。

③ 感受态细胞的用量为 50～100 μL/次，可根据实际情况分装使用。注意 DNA 与感受态细胞悬液的体积比不要超过 1∶10。

④ 倒平板时应避免培养基温度过高。若温度过高，则加入的氨苄青霉素会失效，且培养基凝固后表面及皿盖会形成大量冷凝水，易于造成污染及影响单菌落的形成。

⑤ 培养时间不能过长，以免出现卫星菌落。

任务结果与评价

将平板置室温干燥，然后倒置放在 37℃温箱中培养过夜。为鉴别这些转化子，利用质粒编码的筛选标记。pUC19-Ag85、pBV220 质粒带有氨苄青霉素抗性基因（Amp^r）。以 pBV220 质粒或其重组体转化的大肠杆菌能够在含氨苄青霉素的选择培养基上生长，而未转化的受体菌则不能在这种选择培养基上生长。次日观察转化子出现的数目，计算转化效率，并按表 3-15 记录结果。

表 3-15　结果记录

	阳性对照	样品（7 μL）	阴性对照
转化子数			

注：转化效率 = 转化子数/μg DNA。

任务结束后，完成《学生技能训练手册》考评工单。

工作反思

影响转化效率的因素有哪些?

实训 10　蓝白斑法筛选重组菌

任务目的

掌握蓝白斑法筛选重组菌落的原理及具体的实验操作过程。

任务描述

β-半乳糖苷酶是一种把乳糖分解成葡萄糖和半乳糖的酶，最常用的 β-半乳糖苷酶基因来自大肠杆菌 lac 操纵子，它们使载体中带有大肠杆菌 lac 操纵子的调节序列和编码 β-半乳糖苷酶 N 末端 146 个氨基酸的序列。用异丙基-β-D-半乳糖苷(IPTG)可诱导这个末端片段的合成，合成的片段能与宿主编码的 β-半乳糖苷酶缺陷型进行互补，恢复该酶的活性，这一过程称为 α-互补。由于克隆用 pGEM®-T Easy 载体带有 lacZ 的调节序列和 β-半乳糖苷酶的部分编码序列，可以与缺陷型宿主 DH5α 在诱导物 IPTG 存在下，形成 α-互补，宿主菌在含色素底物 X-gal 的培养基平板上形成蓝斑；在有外源 DNA 片段插入载体多克隆位点时，载体编码 β-半乳糖苷酶的部分序列失活，无法形成互补，带有重组质粒的宿主菌产生白斑。

通过蓝白斑筛选即可高效区分空载体（蓝斑）与重组子（白斑）。

任务准备

1. 器材

移液器、培养皿、接种环、1.5 mL 离心管、恒温培养箱、水浴锅等。

2. 试剂

① LB 液体培养基：蛋白胨 10 g，酵母提取物 5 g，NaCl 10 g，定容至 1000 mL，用 NaOH 调 pH 至 7.5～7.6，可置 4℃保存，高压灭菌。

② LB 固体培养基：液体培养基中加入 1.5%的琼脂，高压灭菌 30 min 后使用。

③ X-gal（5-溴-4-氯-3-吲哚-β-D-半乳糖）：X-gal 溶于 N，N'-二甲基甲酰胺中配制 20 mg/mL 原液，–20℃避光保存。

④ IPTG（异丙基-β-D-半乳糖苷）：0.2 g/mL 分装，储存于–20℃。

⑤ 氨苄青霉素（ampicillin，Amp）：1 g Amp 溶于 5 mL 灭菌水中，配成母液，保存于–20℃。

任务实施

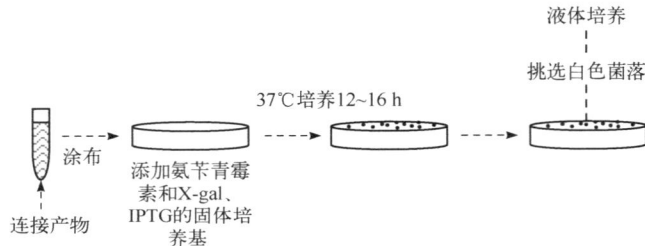

① 在 40 μL X-gal 中加入 4 μL IPTG，充分混合，在无菌条件下涂布于含 Amp（浓度为 50 μg/mL）的 LB 平板上，将平板置于 37℃恒温箱中 2～3 h，以使培养基充分吸收色素底物 X-gal。

② 将转化菌在无菌条件下涂布于含抗生素和 X-gal、IPTG 的平板上，正面朝上放置 30 min，待菌液完全被吸收后倒置平板，37℃培养 12～18 h。

③ 挑选白色菌落，每个菌落做扩增培养 4～6 h。

④ 菌落 PCR 方法进一步检测鉴定重组子，防止假阳性。

注意事项

含有 X-Gal 的培养基可 4℃避光保存，保存时间不宜过长，须在 1～2 周内使用完毕，也可以将保存于–20℃冰箱的 X-Gal 试剂现用现涂于培养基平板。

任务结果呈现

观察实验结果，在培养基中，未转化的菌不具有抗性，不生长；转化了的空载体（即未插入外源片段的质粒）菌，长成蓝色菌落；转化了重组质粒的菌，即目的重组菌，长成白色菌落（图 3-14）。

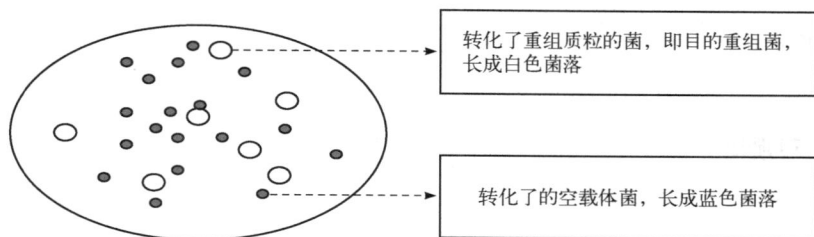

图 3-14 蓝白斑筛选菌落生长示意图

任务结束后，完成《学生技能训练手册》考评工单。

工作反思

1. 蓝白斑筛选的实验原理是什么？
2. 蓝白斑筛选为何会出现假阳性？
3. 如何进一步确定白色菌落中是否含有目的基因？
4. 试设计下一步实验鉴定重组子。

知识小结

1. 超螺旋质粒转化效率最高，而线状 DNA 转化效率很低。

2. 转化实验必须在低温进行，温度的波动会严重影响转化效率。所有的溶液应在冰上预冷，细菌须始终保持在 4℃ 以下。

3. 实验中一定要包括下列对照：用已知量的质粒 DNA 标准制备物转化感受态细菌（阳性对照）；未加任何质粒 DNA 的感受态细菌（阴性对照）。

4. 如果用氨苄青霉素筛选，在每个平板上应当只涂布一部分培养物（靠经验确定），氨苄青霉素抗性菌落的数量与涂布到平板上的细菌量并不是线性关系，用转化细胞铺平板时密度应较低（每个 90 mm 平板不超过 10^4 菌落），于 37℃ 培养时间不应超过 20 h。氨苄青霉素抗性的转化子可将 β-内酰胺酶分泌到培养基中，迅速灭活菌落周围区域中的抗菌素。若铺平板时密度太高或培养时间太长则可能会出现对氨苄青霉素敏感的"卫星菌落"。

5. IPTG 可诱导缺陷型大肠杆菌 DH5α 表达出半乳糖苷酶，该酶可分解添加于培养基中无色的 X-gal 成半乳糖和深蓝色的底物 5-溴-4-氯-靛蓝，使菌落呈现出蓝色反应；在质粒载体 *lacZ* 序列中，含有一系列不同限制酶的单一识别位点，其中任何一个位点插入了外源克隆 DNA 片段，都会阻断半乳糖苷酶的读码结构，使其编码的肽失去活性，结果产生出白色的菌落。因此，根据这种半乳糖苷酶的显色反应，便可检测出含有外源 DNA 插入序列的重组克隆。

? 能力测验

一、填空题

1. _____是指待研究或应用的某一特定基因或 DNA 序列。

2. RNA 的提取方法有：_____、_____和_____。

3. 核酸分子杂交鉴定是指_____，是鉴定基因重组体的常用方法，核酸分子杂交的方法有：_____、_____、_____。

二、选择题

1. （   ）是指根据已知目的基因的核苷酸序列或某种基因产物的氨基酸序列推导出该多肽编码基因的核苷酸序列，利用 DNA 合成仪依据化学合成原理人工直接合成目的基因。

A. cDNA 文库   B. 化学合成法

C. 聚合酶链式反应（PCR）   D. 基因组 DNA 文库

2. （   ）是指通过目的基因与载体 DNA 用同一种具有唯一酶切位点的限制性核酸内切酶进行切割，形成具有相同黏性末端的线性 DNA 分子，由于它们具有同样的黏性末端，因此能够退火形成重组体，然后在 DNA 连接酶的作用下形成重组 DNA 分子。

A. 平末端连接   B. 定向连接

C. 黏性末端连接   D. 同聚物加尾连接

三、简答题

1. 重组 DNA 的基本操作步骤，一般包括哪些过程？

2. 从培养的宿主细胞中分离制备质粒 DNA 主要方法包括哪些？

模块四

ELISA 技术

知识目标

1. 掌握酶联免疫反应的基本原理。
2. 熟悉酶联免疫反应类型及酶和底物。
3. 了解酶联免疫吸附检测法特点。

技能目标

1. 学会酶联免疫吸附的实验操作。
2. 学会利用 ELISA 法检测样品中的目的蛋白。

思政素养目标

1. 探索 ELISA 应用领域，激发创新潜能，培养勇于尝试和突破传统思维的习惯。
2. 树立严格的操作和质量控制意识，培养敬业精神和职业操守。
3. 能区分实验中产生的"三废"，并进行正确处理。

1971 年，瑞典学者 Engvail 和 Perlmann、荷兰学者 Van Schuurs 分别报道将免疫技术发展为检测体液中微量物质的固相免疫测定方法，称为酶联免疫吸附试验 (enzyme-linked immunosorbent assay)，简称 ELISA，是在免疫酶技术的基础上发展起来的一种将抗原和抗体的免疫反应与酶的催化反应相结合而建立的新型免疫测定技术，是实验室最常用的检测方法。ELISA 过程包括抗原（抗体）吸附在固相载体上（此步骤称为包被），加待测抗体（抗原），再加相应酶标记抗体（抗原），生成抗原（抗体）-待测抗体（抗原）-酶标记抗体的复合物，再与该酶的底物反应生成有色产物，借助分光光度计的光吸收计算抗体（抗原）的量。

ELISA 在食品检测中的应用

项目

酶联免疫反应的基本原理和操作

动物源性食品中违禁药物（如 β-激动剂、激素、抗生素和精神类药物等）的残留已成为困扰世界范围内食品卫生安全的难题。莱克多巴胺（Ractopamine，RAC）是一种人工合成的苯乙胺类 β-肾上腺受体兴奋剂类药物，具有促进动物生长、降低脂肪含量、提高肉类动物瘦肉率的作用，曾被商品猪生产者作为新型的"瘦肉精"在畜牧生产上代替盐酸克伦特罗添加使用，以提高经济效益。莱克多巴胺用作生长促进剂时的剂量是治疗量的 5～10 倍，易在动物组织，特别是内脏中积聚残留，并通过食物链进入人体。

目前，国际食品法典委员会（CAC）制定的莱克多巴胺在猪和牛中的最高残留量（MRL）标准均为：肌肉 10 μg/kg、脂肪 10 μg/kg、肝 40 μg/kg、肾 90 μg/kg，每日允许摄入量（ADI）为 0～1 μg/kg。世界各国对莱克多巴胺在养殖业适用范围的规定不尽相同。在美国、加拿大、日本、墨西哥、巴西、澳大利亚等 24 个国家和地区，莱克多巴胺可作为瘦肉精被允许用于畜禽养殖，以提高动物的蛋白质含量和瘦肉率；但在欧盟、中国、俄罗斯等国家，畜牧养殖中该类药物被全面禁止。中国台湾地区不允许使用，但允许进口使用了 β-兴奋剂的动物产品。

目前对于该类药物的检测方法主要有气质联用（GC-MS）、高效液相色谱（HPLC）以及液质联用（LC-MS）等仪器设备方法，这些方法固然准确、科学，但是仪器昂贵，维护费用较高，对于操作者的专业要求也较高，不利于携带和推广应用。酶联免疫吸附检测法（ELISA）是一种基于抗原抗体反应和酶化学反应的快速检测方法，灵敏度高，特异性强，样品前处理简单，不需要昂贵的仪器设备，对操作人员的专业要求相对较低，非常适于现场监控和大批量筛选。

📚 必备知识

一、ELISA 基本原理

抗原：指进入人或动物机体后，可刺激机体免疫系统发生免疫应答，从而引起动物产生抗体或形成致敏淋巴细胞，并能和抗体或致敏淋巴细胞发生特异性反应的物质。在 ELISA

实施过程中，抗原和抗体的质量是试验能否成功的关键因素。本法要求所用抗原纯度高，抗体效价高，亲和力强。ELISA 所用抗原有 2 个来源：天然抗原和人工抗原。天然抗原取材于动植物组织或体液、微生物培养物等，一般含有多种抗原成分，需经纯化，提取出特定的抗原成分后才可应用，因此也称提纯抗原。个别天然抗原因为含量少，提纯工艺复杂，提取难度较大。人工抗原包括重组蛋白质抗原、多肽合成抗原和小分子合成抗原，它们使用安全，而且纯度高，干扰物质少。因此，虽然制备合成抗原有较高的技术难度且要求较为昂贵的仪器设备和试剂，其应用仍十分普遍，特别是对那些天然抗原不易得到的试验，更显出其优势。

抗体：指由抗原刺激动物的免疫系统后，由免疫系统产生的可与相应抗原发生特异性结合的免疫球蛋白。用于 ELISA 的抗体有多克隆和单克隆。抗血清（多克隆抗体）成分复杂，需要光纯化 IgG 才可用于固相包被。含单克隆抗体的小鼠腹水中的特异性抗体含量较高，有时可适当稀释后直接进行包被。制备酶结合物用的抗体的质量往往要求有较高的纯度。经硫酸铵盐析获得的 IgG 可进一步用分子筛层析或亲和层析提纯可将纯化后的 IgG 用木瓜蛋白酶等酶切后，收集 Fab 片段用于固相包被，效果更佳。

知识链接 单克隆抗体技术

单克隆抗体技术于 1975 年由英国科学家 Milstein 和 Köhler 所发明，二人获得 1984 年诺贝尔生理学或医学奖。1984 年，德国人 G. J. F.Kohler、阿根廷人 C. Milstein 和丹麦科学家 N. K. Jerne 由于发展了单克隆抗体技术，完善了极微量蛋白质的检测技术而分享了诺贝尔生理医学奖。

其原理是：B 淋巴细胞能够产生抗体，但在体外不能进行无限分裂；而瘤细胞虽然可以在体外进行无限传代，但不能产生抗体。将这两种细胞融合后得到的杂交瘤细胞具有两种亲本细胞的特性。免疫反应是人类对疾病具有抵抗力的重要因素。当动物体受抗原刺激后可产生抗体。抗体的特异性取决于抗原分子的决定簇，各种抗原分子具有很多抗原决定簇，因此，免疫动物所产生的抗体实为多种抗体的混合物。用这种传统方法制备抗体效率低、产量有限，且动物抗体注入人体可产生严重的过敏反应。此外，要把这些不同的抗体分开也极困难。近年，单克隆抗体技术的出现，是免疫学领域的重大突破。

酶结合物（又称酶标抗原或酶标抗体）：酶与抗体或抗原、半抗原在交联剂作用下联结的产物。它不仅具有抗体抗原特异的免疫反应，还能催化酶促反应，显示出生物放大作用。良好的酶结合物取决于两个条件，即高效价的抗体和高活性的酶。

ELISA 方法的基本原理：抗原或抗体结合到某种固相载体表面，使抗原或抗体与某种酶连接成酶标抗原或抗体。这种酶标抗原或抗体既有免疫活性又有酶的活性。测定时将受检标本（测定其中的抗体或抗原）和酶标抗原或抗体按不同的步骤与固相载体表面的抗原或抗体起反应。用洗涤的方法使固相载体上形成的抗原抗体复合物与其他物质分开，最后结合在固相载体上的酶量与标本中受检物质的量成一定的比例（正比或反比）。加入酶反应的底物后，底物被酶催化变为有色产物，产物的量与标本中受检物质的量直接相关，故可根据颜色反应的深浅进行定性或定量分析。

ELISA 测定方法中有三种必要的试剂：a. 固相的抗原或抗体，即"免疫吸附剂"；b. 酶标记的抗原或抗体；c. 酶作用的底物。

二、ELISA 类型

根据试剂的来源和标本的情况以及检测的具体条件，可设计出各种不同类型的检测方法。

1. 双抗体夹心法 ELISA

双抗体夹心法 ELISA 是检测抗原最常用的方法。本法将已知特异性抗体包被于固相载体，经洗涤后加入含有抗原的待测样品，如待测样品中有相应抗原存在，即可与包被于固相载体上的特异性抗体结合，经保温孵育洗涤后，即可加入酶标记特异性抗体，再经孵育洗涤后，加底物显色进行测定，底物降解的量即为欲测抗原的量，检测示意图见 4-1。此方法中待测抗原与抗体结合后再与酶标二抗结合，形成固相抗体-待测抗原-酶标二抗的夹心式复合物。由于反应系统中固相抗体和酶标抗体的量相对于待测抗原是过量的，因此复合物的形成量与待测抗原量成正比（在方法的可检测范围内）。此法适用于检验各种蛋白质等大分子抗原，例如乙型肝炎表面抗原，但不能用于分子质量小于 5000 Da 的半抗原之类的抗原测定。

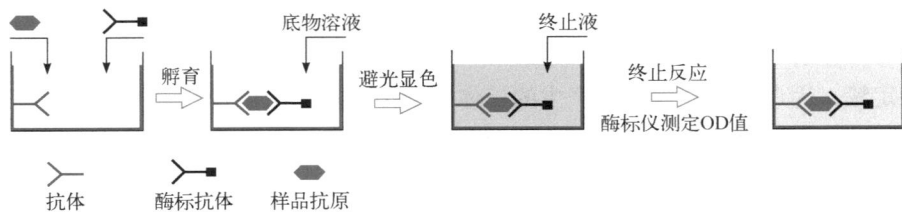

图 4-1 双抗体夹心法 ELISA 检测示意图

2. 间接法 ELISA

间接法 ELISA 是检测抗体常用的方法，原理为利用酶标抗抗体检测已与固相结合的受检抗体，故称为间接法。即将已知抗原连接在固相载体上，待测抗体与抗原结合后再与标记二抗结合，形成"抗原-待测抗体-标记二抗"复合物，复合物的形成量与待测抗体量成正比。间接法的优点是只要变换包被抗原就可利用同一酶标抗体建立检测相应抗体的方法。检测示意图见4-2。

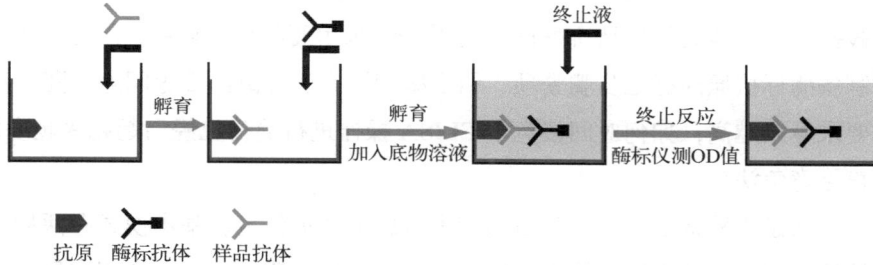

图 4-2 间接法 ELISA 检测示意图

3. 竞争法 ELISA

竞争法 ELISA 既可用于检测抗原又可用于检测抗体，可分为直接竞争法和间接竞争法。以测定抗原为例，受检抗原和酶标抗原竞争与固相抗体结合，因此结合于固相的酶标抗原量与受检抗原的量呈反比。本法首先将特异性抗体吸附于固相载体表面。经洗涤后分成两组：一组加酶标记抗原和被测抗原的混合液，而另一组只加酶标记抗原，再经孵育洗涤后加底物显色，这两组底物降解量之差即为我们所要测定的未知抗原的量。这种方法所测定的抗原只要有一个结合部位即可，因此，对小分子抗原如激素和药物之类的测定常用此法，检测示意图见4-3。该法的优点是快，因为只有一个保温洗涤过程；但灵敏度较差，特别是检测大分子抗原，该方法灵敏度相对于夹心 ELISA 差 2～3 个数量级。

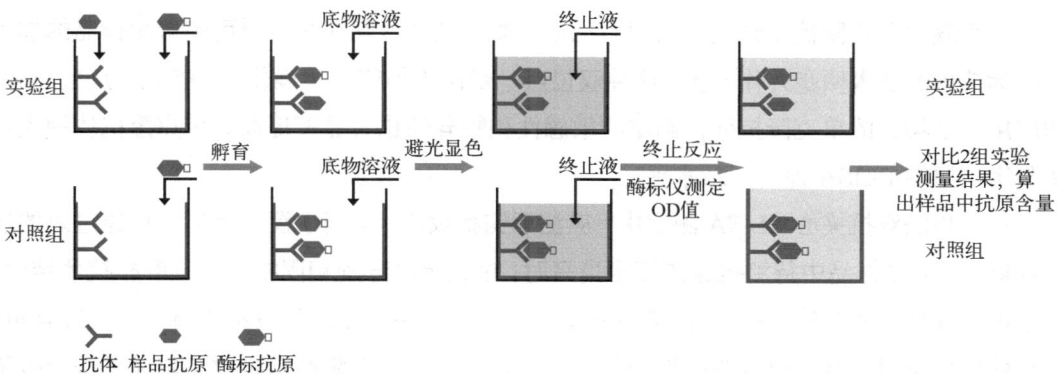

图 4-3 竞争法 ELISA 检测示意图

目前比较常用的 ELISA 试剂盒检测一般是采用间接竞争和直接竞争 ELISA 两种检测

方法，具体如下。

（1）间接竞争法

间接竞争法是将酶标记在二抗上。包被完全抗原（同时加入已知抗体和待测抗原）—加入酶标二抗—加底物显色；这种模式将间接法应用于未知抗原的检测，扩大了间接法的应用范围。此外，这种模式与竞争法测抗原相比，特点有：a. 使用完全抗原包被固相载体，避免了包被抗体时不能定量且结合率低的问题；b. 采用商品化的通用的酶标二抗，从而避免了自行制备酶标抗原时标记步骤繁琐、结合酶和游离酶分离困难等问题。随着对于检测快速化的要求越来越高，如何对间接竞争 ELISA 操作进行简化已经引起越来越多的关注。

（2）直接竞争法

直接竞争法是将酶标记在参与竞争的游离抗原上或抗体上。基本模式有两种，一种是包被特异性抗体（同时加入待测抗原和酶标抗原）—加入酶标二标—加底物显色；另一种是包被完全抗原（同时加入待测抗原和酶标抗体）—加入底物显色。与间接竞争法相比较，直接竞争法简化了反应步骤，酶标记第一抗体或酶标抗原同时起到免疫结合反应及信号放大的作用，而省去了酶标二抗的引入，从理论上讲，可以更好地降低引入误差的可能性。由于酶标抗原的制备需要考虑到不同抗原结构对于标记方法要求的特殊性，以免由于标记引起抗原免疫活性的损失，而且与抗原结合的酶和游离的酶在分离纯化时存在一定的困难，而酶标第一抗体和酶标第二抗体的反应原理是相同的，合成方法相对比较成熟，不需要考虑类似酶标抗原中不同抗原结构对标记方法的不同要求，从而能够更好地实现快速筛选检测的目的，因此在实际检测应用中更倾向于标记抗体型的直接竞争检测法。

4. 双位点一步法 ELISA

由于双抗体夹心 ELISA 需要进行样本和酶标抗体的两步反应，时间较长，因此改进的双抗体夹心方法应运而生。在双抗体夹心法测定抗原时，如应用针对抗原分子上两个不同抗原决定簇的单克隆抗体分别作为固相抗体和酶标抗体，则在测定时可使待测样品的加入和酶标抗体的加入两步并作一步。这种双位点一步法不但简化了操作，还缩短了反应时间。如应用高亲和力的单克隆抗体，测定的敏感性和特异性也会显著提高。单克隆抗体的应用使测定抗原的 ELISA 提高到新水平。

在一步法双抗夹心 ELISA 测定中，应注意钩状效应，类同于沉淀反应中抗原过剩的后带现象。当待测样品中待测抗原浓度相当高时，过量抗原分别和固相抗体及酶标抗体结合，而不再形成夹心复合物，从而使得酶标抗体在洗涤步骤被除去，所得结果将低于实际含量。钩状效应严重时甚至可出现假阴性结果。所以该方法在出现阴性结果时，应通过进一步稀释排除钩状效应的可能。

5. 亲和素-生物素 ELISA

亲和素-生物素系统（BAS）是 20 世纪 70 年代末发展起来的一种新型生物反应放大系

统。相对于酶标记，亲和素-生物素系统更能提高免疫反应的灵敏度。随着各种生物素衍生物的问世，BAS 很快被广泛应用于各种免疫学方法，是一种亲和力高和稳定性好的信号放大标记技术，具有高灵敏度、高特异性、高稳定性和适用性等特点。生物素易与蛋白质和核酸类等生物大分子结合，再与生物素衍生物结合，将信号多级放大，能保持大分子物质的原有生物活性。检测示意图见图 4-4。

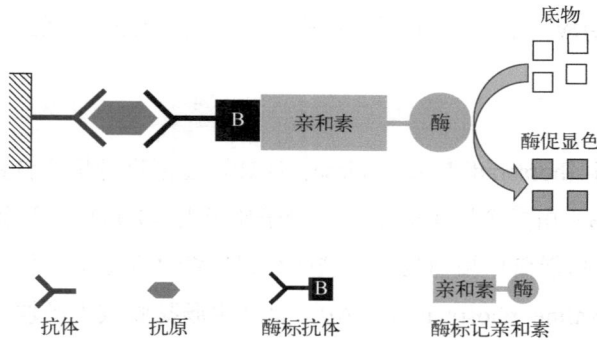

图 4-4　亲和素-生物素 ELISA 检测示意图

　　亲和素是一种糖蛋白，可由蛋清中提取。分子质量 60 kDa，每个分子由 4 个亚基组成，可以和 4 个生物素分子亲密结合，现在使用最多的是从链霉菌中提取的链霉亲和素。链霉亲和素是一种可以从链霉菌属细菌中纯化获得的四聚体蛋白，大小为 52800 Da。链霉亲和素又称链霉抗生物素蛋白。生物素广泛分布于动、植物组织中，以卵黄和肝组织含量较高。亲和素与生物素间的结合具有极高的亲和力，其反应呈高度专一性，特异性强。亲和素与生物素的结合，不属于免疫反应，由于 1 个亲和素分子有 4 个生物素分子的结合位置，可以连接更多的生物素化的分子，形成一种类似晶格的复合体，因此把亲和素和生物素与ELISA 偶联起来，就可大大提高 ELISA 的敏感度，而且生物素和亲和素一旦结合，就极为稳定，不受在 ELISA 方法中的保温及多次洗涤影响。这种结合反应时间比抗原抗体反应所需时间短；生物素或亲和素与抗体分子或标记物结合后，既不影响前者的亲和力，也不改变后者的特性。亲和素分子的 4 个活性部位并非都和连接在抗体分子上的生物素残基结合，剩下的游离部位尚可作为另一种生物素标记蛋白质的受体。

　　亲和素-生物素系统在 ELISA 中的应用有多种形式，可用于间接包被，也可用于终反应放大。可以在固相上先预包被亲和素，再加入抗体或抗原与生物素结合，通过亲和素-生物素反应而使生物素化的抗体或抗原固相化。这种包被法不仅可增加吸附的抗体或抗原量，而且使其结合点充分暴露。桥联法 ABC-ELISA 夹心法测抗原的操作步骤和双抗夹心法基本相同，所不同之处只是用生物素化的抗体替代常规 ELISA 中的酶标抗体，然后连接亲和素-酶结合物，从而使反应信号放大，提高检测的灵敏度。

三、ELISA 酶与底物

ELISA 方法对标记酶要求很高，应具备以下条件：纯度高、溶解性高、催化反应的转化率高、专一性强、性质稳定、来源丰富、价格不高，制备成的酶标抗体或抗原性质稳定，继续保留它的活性部分和催化能力；最好在待检产品中不存在与标记酶相同的酶；另外，它的相应底物应易于制备和保存，价格低廉，有色产物易于测定，吸光度高。

1. 常用的酶

辣根过氧化物酶（horseradish peroxidase，HRP）在植物辣根中含量较高，是一种糖蛋白，含糖量约为 18%，由多个同工酶组成，分子质量为 44 kDa，等电点为 3～9；是一种复合酶，是由主酶（酶蛋白）和辅基（亚铁血红素）结合而成的一种卟啉蛋白质。

碱性磷酸酶（alkaline phosphatase，AP）是从牛肠黏膜或大肠埃希菌中提取的一种磷酸酯水解酶。从大肠埃希菌提取的碱性磷酸酶分子质量为 80 kDa，酶作用的最适 pH 为 8.0；从小牛肠黏膜提取的 AP 分子质量为 100 kDa，最适 pH 为 9.6，其活性高于从大肠埃希菌中提取的 AP。AP 活力高，在酶免疫测定中应用 AP 系统，其敏感性一般高于应用 HRP 的系统，本底空白值也比较低。因为 AP 需从小牛肠黏膜中或大肠埃希菌中提取，不易获得，更难得到高纯度制剂，故价格较高，且其稳定性也较 HRP 低，因此其实际应用不如 HRP 普遍。

另外还有葡萄糖氧化酶、β-半乳糖苷酶和脲酶等常用酶类。

2. 常用酶的底物

邻苯二胺（orthophenylenediamine，OPD）是 HRP 最敏感的色原底物之一，在辣根过氧化物酶的作用下，OPD 氧化后呈橙黄色，强酸（盐酸或硫酸）终止反应后显色变为棕黄色，在 492 nm 波长处有最大吸收峰。其缺点是性质不稳定，需要在使用前临时配制，配制后溶液稳定性也较差，需要在配制后 1 h 内使用。终止反应后，显色也不稳定，显色随着时间的延长而加深，因此反应结束后要及时进行结果判断，以保证检测的准确性。OPD 的另一缺点是可致机体基因突变，有致癌作用。

四甲基联苯胺（tetramethylbenzidine，TMB）在 HRP 催化下发生氧化反应，由无色变为蓝色，加入强酸终止反应后变为黄色，在 450 nm 波长处有最大吸收峰。其不足之处是溶解度较低，但其性质稳定，检测敏感性高，无致突变性，已成为应用最广泛的辣根过氧化物酶显色反应的底物，目前临床常用的 ELISA 试剂盒多使用 TMB 作为底物。

四、ELISA 操作要点

1. 试剂的准备

按试剂盒说明书的要求准备试验中需用的试剂。ELISA 中用的蒸馏水或去离子水，包括用于洗涤的，应为新鲜的和高质量的。自配的缓冲液应用 pH 计测量校正。从冰箱中取出的试验用试剂应待温度与室温平衡后使用。试剂盒中本次试验不需要用的部分应及时放回冰箱保存。

2. 加样

在 ELISA 中一般有 3 次加样步骤，即加标本、加酶结合物、加底物。有的测定（如间接法 ELISA）需用稀释的血清，可在试管中按规定的稀释度稀释后再加样。也可在板孔中加入稀释液，再在其中加入血清标本，然后在微型振荡器上振荡 1 min 以保证混合。加酶结合物应用液和底物应用液时可用定量多道加液器，使加液过程迅速完成。

3. 温育

在 ELISA 中一般有两次抗原抗体反应，即加标本和加酶结合物。抗原抗体反应的完成需要有一定的温度和时间，这一保温过程称为温育。ELISA 属固相免疫测定，抗原、抗体的结合只在固相表面发生。加入板孔中的标本，其中的抗原并不是都有均等的和固相抗体结合的机会，只有最贴近孔壁的一层溶液中的抗原直接与抗体接触。这是一个逐步平衡的过程，因此需经扩散才能达到反应的终点。在其后加入的酶标记抗体与固相抗原的结合也同样如此。温育是 ELISA 测定中影响测定成败的关键性的步骤。ELISA 测定中要使液相中抗原或抗体与固相上的特异抗体或抗原完全结合，必须在一定温度条件下反应一定的时间，最为常用的温育温度是 43℃、37℃、室温和 4℃（冰箱温度）等。ELISA 测定时，关键控制点是孵育时间不能随意延长或缩短，孵育温度不能过高或过低，否则影响测定值的上限或下限，应严格按试剂说明书要求孵育才能保证检测结果可靠。

4. 洗涤

洗涤在 ELISA 过程中虽不是一个反应步骤，但也决定着试验的成败。ELISA 就是靠洗涤来达到分离游离的和结合的酶标记物的目的。通过洗涤以清除残留在板孔中没能与固相抗原或抗体结合的物质，以及在反应过程中非特异性地吸附于固相载体的干扰物质。聚苯乙烯等塑料对蛋白质的吸附是普遍性的，而在洗涤时又应把这种非特异性吸附的干扰物质洗涤下来。可以说在 ELISA 操作中，洗涤是最主要的关键技术，应引起操作者的高度重视，操作者应严格要求洗涤，不能马虎。洗涤液多为含非离子型洗涤剂的中性缓冲液。聚苯乙烯载体与蛋白质的结合是疏水性的，非离子型洗涤剂既含疏水基团，也含亲水基团，其疏水基团与蛋白质的疏水基团借疏水键结合，从而削弱蛋白质与固相载体的结合，并借助于亲水基团和水分子的结合作用，使蛋白质回复到水溶液状态，从而脱离固相载体。洗涤液中的非离子型洗涤剂一般是吐温-20，其浓度可在 0.05%～2%，高于 0.2% 时，可使包被在固相上的抗原或抗体解吸附而减低试验的灵敏度。洗涤的方式除某些 ELISA 仪器配有特殊的自动洗涤仪外，手工操作有浸泡式和流水冲洗法两种。

5. 显色

显色是 ELISA 中的最后一步温育反应，此时酶催化无色的底物生成有色的产物。反应的温度和时间是影响显色的因素。在一定时间内，阴性孔可保持无色，而阳性孔则随时间的延长而呈色加强。适当提高温度有助于加速显色进行。在定量测定中，加入底物后的反应温度和时间应按规定力求准确。定性测定的显色可在室温进行，时间一般不需要严格控制，有时可根据阳性对照孔和阴性对照孔的显色情况适当缩短或延长反应时间，及时判断。

OPD 底物显色一般在室温或 37℃ 反应 20～30 min 后颜色不再加深，约 40 min 将达到显色的顶峰，再延长反应时间，可使本底值增高。OPD 底物液受光照会自行变色，显色反应需避光进行，显色反应结束时加入终止液终止反应。OPD 产物用硫酸终止后，显色由橙黄色转向棕黄色。

TMB 受光照的影响不大，可在室温中置于操作台上，边反应边观察结果。但为保证试验结果的稳定性，宜在规定的适当时间阅读结果。TMB 经 HRP 作用后，约 40 min 显色达顶峰，随即逐渐减弱，至 2h 后即可完全消退至无色。TMB 的终止液有多种，叠氮钠和十二烷基硫酸钠（SDS）等酶抑制剂均可使反应终止。这类终止剂尚能使蓝色维持较长时间（12～24 h）不褪，是目视判断的良好终止剂。此外，各类酸性终止液则会使蓝色转变成黄色，此时可用特定的波长（450 nm）测读吸光值。

6. 比色

比色前应先用洁净的吸水纸拭干板底附着的液体，然后将板正确放入酶标比色仪的比色架中。以软板为载体的试验，需先将板置于标准 96 孔的座架中，才可进行比色。最好在加底物液显色前，先将软板边缘剪净，这样，此板就可完全平妥放入座架中。

比色时应先以蒸馏水校零点，测读底物孔（未经任何反应仅加底物液的孔）和空白孔（以生理盐水或稀释液代替标本进行全过程的孔），以记录本次试验的试剂状况。其后可用空白孔以蒸馏水校零点，以上各孔的吸光度需减去空白孔的吸光度，然后进行计算。

比色结果的表达用光密度（oplical density，OD）或吸光度（absorbence，A），两者含义相同。通常的表示方法是，将吸收波长写于字母的右下角，如 OPD 的吸收波长为 492 nm，表示方法为 A_{492} 或 OD_{492}。

阴性对照是指试验中采用物与待检物具有同源性和同质性，又不含有待检物质，并能客观比较和鉴别处理因素之间的差异。阴性对照品必须先行检测，确定其中不含待测物质。

阳性对照就是待测样品的标准品，通常都需要用标准品做标准曲线再换算样品中特定蛋白的浓度。阳性对照品多以含蛋白保护剂的缓冲液为基质，其中加入一定量的待检物质。加入的量应与试剂的敏感度相称。定量测定的 ELISA 试剂盒应含有制作标准曲线用的标准品，应包括覆盖可检测范围的 4～5 个浓度，一般均配入含蛋白保护剂及防腐剂的缓冲液中。

酶标比色仪简称酶标仪，通常指专用于测读 ELISA 结果吸光度的光度计。进行 ELISA 分析时，酶和酶的底物结合时便产生显色反应，反应后用酶标仪测定反应液的吸光度，是"专业化"的光度计。针对固相载体形式的不同，各有特制的适用于板、珠和小试管的设计。酶标仪的主要性能指标有：测读速度、读数的准确性、重复性、精确度和可测范围、线性等。优良的酶标仪的读数一般可精确到 0.001，准确性为±1%，重复性达 0.5%。酶标仪的可测范围视各酶标仪的性能而不同。

酶标仪不应安置在阳光或强光照射下，操作时室温宜在 15～30℃，使用前先预热仪器 15～30 min，测读结果更稳定。测读 A 值时，要选用产物的敏感吸收峰。有的酶标仪可用双波长式测读，即每孔先后测读两次，第一次在最适波长（W_1），第二次在不敏感波长（W_2），两次测定间不移动 ELISA 板的位置。双波长式测读可减少由容器上的划痕或指印等造成的光干扰。

7. 结果判断

ELISA 测定按其表示测定结果的方式分为定性和定量测定两大类。定性测定只是对样品中是否含有待测抗原或抗体作出"有"或"无"的结论，分别用"阳性"和"阴性"来表示。定量测定，每批测试均须用一系列不同浓度的标准品在相同的条件下制作标准曲线。

（1）定性测定

间接法和夹心法。在间接法和夹心法的 ELISA 反应体系中，反应的定性结果可以用肉眼直接判断。若待检孔显色浅于或等于阴性对照，判定为阴性。若待检孔显色深于或等于阳性对照，则判定为阳性。若待检孔显色介于阴性对照孔和阳性对照孔之间，则判定为弱阳性。

竞争法。与间接法和夹心法 ELISA 检测相反，在竞争法 ELISA 中阴性孔呈色要深于阳性孔。

（2）定量测定

在定量测定中，每批测试均须用一系列不同浓度的参考标准品在相同条件下制作标准曲线。测定大分子量物质的夹心法 ELISA，标准曲线的范围一般较宽，曲线最高点的吸光度可接近 2.0，绘制时常用半对数值，以检测物的浓度为横坐标，以吸光度为纵坐标，将各浓度的值逐点连接，所得曲线一般呈 S 形，其头尾部曲线趋于平坦，中央较呈直线的部分是最理想的检测区域。

8. 操作注意事项

（1）仪器质控

为使仪器保持最佳工作状态，应建立维护和校正仪器的标准操作程序（SOP）。所要控制的仪器包括移液器（加样枪）、恒温箱、洗板机和酶标仪。

① 移液器　ELISA加样量小（20～200 μL），其准确性直接影响试验结果。利用称重法检查：低、中、高3个刻度分别吸取指示量的水，天平（精度为0.0001 g）称重后计算吸量是否准确，一般应在±5%以内。

② 恒温箱　经常检查恒温箱温度计所示的温度和水中(或温箱内)实测温度是否一致，允许有±1℃的误差。

③ 洗板机　洗板机虽然不是ELISA的核心仪器，但是其性能往往决定了ELISA的准确性。每个厂家设置洗板后的残留液有各自的规定，一般不超过2 μL；洗涤后人工拍板时，垫纸不湿；洗液如含有吐温，应随用随配，并定期检查管孔是否堵塞。

④ 酶标仪　分为滤光片式和连续波长式。滤光片式酶标仪价格便宜，对特定波长的吸光度值测定较为准确；应该经常维护其光学部分，防止滤光片霉变，定期检测校正，使其保持良好的工作性能。连续波长式酶标仪价格较为昂贵，一般可以测定紫外-可见光范围内的任意吸光度值，但在固定波长的测定稳定性上不如滤光片式酶标仪。

（2）试剂盒选择

① 产品和试剂　应尽量选择正规厂家的产品，产品经相应政府部门审核认可；试剂应从灵敏度、特异性、精密度、稳定性、简便性、安全性及经济性等方面全面评价。

② 灵敏度和检出限　灵敏度为试剂检出被检物质的最低量的能力；检出限为试剂对大量样品中阳性检出的能力。

③ 特异性　常用交叉反应率表示。含有与待测物相近结构部分的物质可能存在交叉反应，使测定结果升高，可能导致假阳性，所以交叉反应率是评价试剂质量的关键指标。

④ 精密度　对于ELISA试剂一般指其批内CV（变异系数），其值应小于15%；定量试剂应同时考察线性范围。

⑤ 准确度　通过添加回收试验进行评价。

⑥ 简便性　指在不影响试剂的前3项指标的前提下，试验和测定步骤越少越好，在定性试验中结果判断简单明了，定量试验结果计算也应简单。

⑦ 安全性　指试剂对操作者和环境安全无害、无传染性。

⑧ 经济性　试剂在同等质量条件下通过大规模生产或技术进步降低成本，而市场价格比较合理。

⑨ 试剂评价　需要有权威的确证方法和确证的样品进行检测。

（3）样本前处理注意事项

① 均质　组织样本：肉、肝食品类切细，用绞肉机反复绞碎，混合均匀。水产样本：去除样品的非食用部分，食用部分切细，用均质器均浆；原料表面较脏时，需适当用蒸馏水清洗。蛋类：鲜蛋去壳，蛋黄和蛋白充分混匀。水果、蔬菜类：先用水洗去泥沙，然后

去除表面的水分，取食用部分。

② 振荡提取　将提取溶剂加入装有样品的具塞容器中，振荡，使提取溶剂与容器内的样品充分接触以深入到样本组织内部，提取待测组分。振荡方式：在振荡器上进行上下、往返式振荡，手摇式上下振荡。在组织样本中加入有机溶剂提取时，应边加边振荡，防止组织凝结成团，不利于提取。

③ 乳化现象　在用有机溶剂提取的过程中，如果出现乳化现象，解决的方法有：一是用吸头轻轻地搅拌，破坏乳化后，再重复离心；二是再加入适量的提取剂，重新振荡。注意离心后要保证样本的稀释倍数不变。

④ 浓缩　由于净化过程中引入的溶剂可能会降低待测组分的浓度或者不适宜直接分析，需要去除全部有机溶剂。即试剂盒前处理步骤中把样本在60℃氮气下吹干，再用复溶液溶解干燥残留物。浓缩方式：氮气吹干除杂、压缩空气吹干除杂。注意：在吹干样本之前，用甲醇清洗针头，防止杂质干扰；在吹样本时，针头应在液面上空避免与样本接触，防止产生交叉污染；样本吹干后应立即取下，避免吹的时间过长影响最终检测结果；不同的药物，吹干后样本的保质期不同，提倡待样本回到室温后立即复溶。

⑤ 净化　经过提取的待测组分中通常含有一些会干扰免疫检测中抗原抗体反应的杂质或者是含有与待测物结构相似的杂质。将待测组分与杂质分离的过程，称之为试剂盒中样本的净化。在现有的试剂盒前处理方法中涉及的最常见的净化方法是液液分配法。

9. ELISA 中常见问题及解决方法

操作中的各个环节对试验的检测效果影响较大，如不注意，有可能导致显色不全、花板等结果。现将操作中各个环节常出现问题的原因及解决办法总结于下，以期提高试验质量。

① 操作前应对试验的物理参数有充分的了解，如环境温度（保持在18～25℃）、反应孵育温度和孵育时间、洗涤的次数等，要先查看水育箱温度，是否符合要求。

② 正确使用加样器，加样器应垂直加入标本或试剂，避免刮擦包被板底部。加样过程中避免液体外溅，加样器吸头要清洗干净，避免污染，加样次序要与说明书一致，否则可导致结果错误，实验重复性差。

③ 手工洗板加洗液时冲击力不要太大，洗涤次数不要超过说明书推荐的洗涤次数，洗液在反应孔内滞留的时间不宜太长。不要使洗液在孔间窜流，造成孔间污染，导致假阴性或假阳性。

④ 要保证加液量一致，滴瓶加液不如加样器理想，滴瓶不易控制，加液量不准，造成显色不统一，判断错误。使用加样器时可采用"吸二打一"方式。

⑤ 加样不能处于阳光直射的环境下，加入显色系统后要避光；显色液量不能过多，以免显色过强。

⑥ 试剂的影响因素：应选用有国家批准文号，质量靠得住的产品，不能图便宜，忽视质量保证。试剂应妥善保存于 4℃冰箱内，在使用时先平衡至室温，不同批号的试剂组分不宜交叉使用。试剂开启后要在一周内用完，剩余的试剂下次用前应先检查是否变质，显色剂如被污染可能造成显色异常，导致错误结果。过期的试剂不宜再用，若别无选择，应做好双份质控品的监测，确保结果的可靠性。

👥 课堂活动

> 作为一名检验人员要树立节约意识，准确计算检验用量，反对浪费。在试验中除了要严格规范操作，做好自我防护外，对试验废弃物的处理更为重要，时刻谨记保护环境，树立生态文明意识！请结合本实验，思考如何来践行。

五、ELISA 反应条件的选择

1. 包被条件

我们把抗原和抗体吸附到固相载体表面的这个过程，称为包被。由于载体不同，包被的方法也不同。如以聚苯乙烯 ELISA 板为载体，通常将抗原或抗体溶于缓冲液（最常用的为 pH 9.6 的碳酸钠-碳酸氢钠缓冲液）中，加于 ELISA 板孔中，在 4℃过夜，经清洗后即可应用。如果包被液中的蛋白质浓度过低，固相载体表面不能被此蛋白质完全覆盖，其后加入的待测样品和酶结合物中的蛋白质也会部分地吸附于固相载体表面，最后产生非特异性显色而导致本底偏高。在这种情况下，如在包被后再用 1%～5%牛血清白蛋白包被 1 次，可以消除这种干扰，这一过程称为封闭。包被好的 ELISA 板在低温可放置一段时间而不失去其免疫活性。通常选用 4℃过夜进行包被，包被浓度一般在 0.1～10.0 mg/L，如果考虑时间因素，也可选用 37℃孵育 2 h。动力学表明，蛋白和固相载体的结合速率在前一小时最高，但是 4℃过夜方式包被酶标板孔间差异更小，固相载体-抗原抗体复合物更为稳定。

2. ELISA 反应条件

ELISA 反应条件包括反应时间、抗原或抗体的浓度、显色时间。ELISA 每一步的反应时间一般控制在 0.5～1 h 之间，孵育时间过短，抗原抗体反应不充分，影响检测的灵敏度和结果的稳定性；孵育时间过长，抗原或抗体容易非特异性吸附在固相载体上，造成假阴性或假阳性。抗原或抗体的浓度是影响 ELISA 结果的关键因素，一般通过棋盘滴定法确定。以竞争法检测抗原为例，12×8 的酶标板横排包被不同浓度梯度的抗原浓度，纵排加入不同浓度梯度的抗体或酶标抗体；寻找吸光度在 1.5～2.2 之间的反应条件后，再进行灵敏度测试。显色时间一般控制在 5～15 min，但使用效价较低的抗体可将时间延长至 20 min，但需注意若时间继续延长，会引发非酶催化显色，导致结果不准确。

⚙️ 技能训练

实训 11　ELISA 检测转基因植物及其产品中 CP4 EPSPS 蛋白

任务目的

1. 掌握 ELISA 的基本操作技术。

2. 熟练运用 ELISA 方法检测转基因食品中的蛋白质，并进行定性定量检测。

任务描述

　　酶标板表面包被有特异的单克隆捕获抗体，当加上测试样品时，捕获抗体与抗原结合，未结合的样品成分通过洗涤除去。洗涤后，加入辣根过氧化物酶的多克隆抗体，该抗体可与 CP4 EPSPS 蛋白的另一个抗原表位特异结合。加入辣根过氧化物酶（HRP）的显色底物四甲基联苯胺（TMB）。HRP 可催化底物产生颜色反应，颜色信号与抗原浓度在一定范围内呈线性关系。显色一定时间后，加入终止液终止反应。

任务准备

1. 器材

酶标仪，孔径 450 μm 的滤膜，孔径 150 μm 的滤膜，多通道移液器。

2. 试剂

① 检测试剂盒试剂

大豆抽提缓冲液（pH 7.5）：硼酸钠缓冲液。大豆分析缓冲液（pH 7.4）：磷酸盐缓冲液，吐温-20，BSA。包被有单克隆捕获抗体的酶标孔。与辣根过氧化物酶偶联的兔抗。偶联抗体稀释液：10%热灭活的小鼠血清。显色底物。终止液：0.5%硫酸。10 倍浓缩的洗涤缓冲液：PBS，吐温-20，pH 7.1。与基质匹配的阴性和阳性标准品，如 0.1%、0.5%、1%、2%、5%。

② 70%的甲醇溶液

取 700 mL 甲醇加水定容至 1 L。

③ 95%的乙醇

任务实施

```
                          ┌──────────┐
                          │ 样品前处理 │
                          └────┬─────┘
                               │
                               ▼
┌──────────┐   ┌──────┐   ┌──────────┐   ┌──────┐   ┌──────────┐
│ 标准品及  │──▶│ 编号 │──▶│ 加标准品  │──▶│ 洗涤 │──▶│ 加酶标记物 │
│ 试剂准备  │   └──────┘   │ 和样品   │   └──────┘   └────┬─────┘
└──────────┘             └──────────┘                   │
                                                        ▼
┌──────────┐   ┌──────────┐   ┌──────┐
│ 测吸光度  │◀──│ 加终止液  │◀──│ 加底物 │
└──────────┘   └──────────┘   └──────┘
```

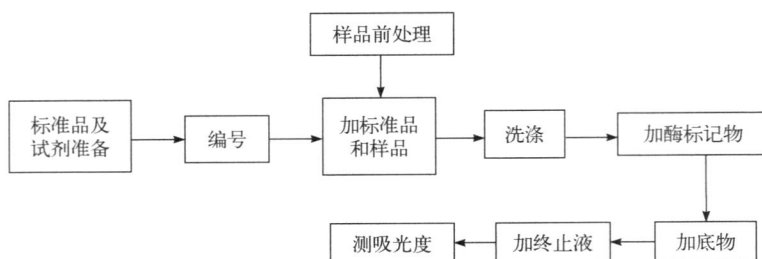

1. 样品的预处理

取 500 g 以上大豆，粉碎、微孔滤膜过滤。在操作过程中小心避免污染，避免局部过热。定性检测的微孔滤膜孔径应为 450 μm，保证孔径小于 450 μm 的粉末质量占大豆样品质量的 90%以上。定量检测的样品先用孔径为 450 μm 的微孔滤膜过滤后，再经孔径为 150 μm 的微孔滤膜过滤，过滤得到的样品量只要能满足检测要求即可。对于其他类型的材料采用类似的方法处理。

在检测不同批次样品之间应将处理大豆样品的所有设备进行彻底清洁。首先，尽可能除去残留材料，然后用酒精洗涤两遍，用水彻底清洗，风干。同时，工作区应保持清洁，避免样品交叉污染。

2. 样品抽提

测试样品、阴性及阳性标准品在相同条件下抽提两次。每一种标准品在称量时按照含量由低到高的顺序进行。

将每一种样品称出（0.5±0.01）g，放入 15 mL 离心管中。为避免污染，在称量不同样品时，用酒精棉擦干净药匙并晾干再使用，或使用一次性药匙。

向每个离心管中加 4.5 mL 抽提缓冲液。将缓冲液与管内物质剧烈混匀并涡旋振荡，使之成为均一的混合物（低脂粉末和分离蛋白质需延长混合时间，有时超过 15 min；全脂粉末容易混匀，不超过 5 min）。4℃下 5000 g 离心 15 min。

小心吸取上清液于另一干净的离心管中，每管吸取 1 mL 上清液。上清液可于 2～8℃贮存，时间不超过 24 h。

在检测前，用大豆检测缓冲液按照表 4-1 所列比例稀释样品溶液。

表 4-1　不同基质的稀释度

基质	稀释度	基质	稀释度
大豆	1:300	脱脂豆粉	1:300
豆粉	1:300	分离蛋白	1:10

抽提流程见表 4-2。

表 4-2　蛋白质抽提流程

程序	详细说明
称量	称量 0.5 g 测试样品、空白、参照标准品
加缓冲液	加入抽提缓冲液 4.5 mL
摇匀	使测试样品与抽提缓冲液充分混匀。全脂粉末混匀时间低于 5 min，低脂粉末、分离蛋白质混匀时间 15 min 以上
离心	在 4℃以 5000 g 将样品离心 15 min，吸取上清液到另一干净离心管中
稀释	根据基质不同按 1:300 或 1:10 稀释测试样品溶液、空白对照、阴性和阳性标准品

3. ELISA 操作步骤

（1）孵育

在室温下，取出酶标板，加 100 μL 稀释的样品溶液及对照到酶标孔中，轻轻混匀。37℃孵育 1 h（每次加样应该更换一次性吸头，以免交叉污染。并使用胶带或铝箔封住酶标板，以免交叉污染和蒸发）。

（2）洗涤

把 10 倍浓缩的洗涤缓冲液用蒸馏水稀释 10 倍，用洗涤工作液洗涤酶标板 3 次。在此过程中，不要让酶标孔干，否则会影响分析结果；不管是人工洗涤还是自动洗涤，应确保每一孔用相同体积的洗液，以免出现错误的结果。

人工洗涤：将酶标板翻转，倒出微孔内液体。用装有洗涤工作液的 500 mL 洗瓶，将每孔注满洗涤液，保持 60 s，然后翻转，倒掉洗涤液。如此重复操作总共 3 次。在多层纸巾上将酶标板倒拍数次，以去除残液（用胶带将酶标板条固定以免滑落）。

自动洗涤：孵育完毕，用洗板机将所有孔中的液体吸出，然后在每孔内加满洗涤液。如此重复 3 次。最后，用洗板机吸出所有孔中洗涤液，在多层纸巾上将酶标板反放拍干，以去除残液。

（3）加入偶联抗体

根据使用说明，用偶联抗体结合稀释剂溶解抗体粉末得到抗体贮存液，于 2～8℃贮存。

取 240 μL 偶联抗体贮存液，加入 21 mL 偶联抗体稀释剂中得到偶联抗体工作液，于 2～8℃贮存。

在每孔中加 100 μL 偶联抗体工作液，封闭酶标板，轻轻摇晃混匀，37℃孵育 1 h。

（4）洗涤

洗涤方法同（2）。

（5）显色

每孔中加入 100 μL 显色底物，轻轻摇动酶标板，室温孵育 10 min（加显色底物时应连续一次完成，不得中断，并保持相同次序和时间间隔）。

（6）终止反应

按照加入显色底物同样的顺序向酶标孔中加入 100 μL 终止液，轻轻摇动酶标板 10 s，以终止颜色变化，并使终止液在孔中均匀分布（在加入终止液时应连续一次完成，不得中断，酶标板应注意避光，防止显色深浅因受到光照的影响而发生变化）。

ELISA 流程见表 4-3。

表 4-3　ELISA 流程

程序	体积	详细说明
加样	100 μL	微量移液器吸取已稀释的样品溶液、空白、阴性和阳性标准品至相应酶标孔
孵育	—	37℃孵育 1 h
洗涤	—	用洗涤缓冲液洗涤 3 次
加样	100 μL	向每个酶标孔加入偶联抗体
孵育	—	37℃孵育 1 h
洗涤	—	用洗涤缓冲液洗涤 3 次
加样	100 μL	向每个酶标孔加入显色底物
孵育	—	室温孵育 10 min
加样	100 μL	向每个酶标孔加入终止液
混匀	—	轻轻混匀 10 s
测量吸光度	—	用酶标仪测量每孔在 450 nm 的吸光度

任务结果与评价

（1）吸光值的测定

在加入终止液 30 min 之内用酶标仪在 450 nm 波长测量每孔的吸光值（OD）。

记录所得结果，用计算机软件处理。

（2）测试样品中目标蛋白浓度的计算

测试样品及参照标准品的数值需减去空白样品的数值，所测阳性标准品的平均值用于生成标准曲线，测试样品的平均值根据标准曲线计算相应浓度。

（3）结果可信度判断的原则

对于阳性标准品（大豆种子）而言，该方法检测的灵敏度必须保证在 0.1%以上，定量检测的线性范围是 0.5%～3%。

每一轮检测都必须符合表 4-4 所列的结果可信度判断的原则。每一轮反应应当包括空白、阴性标准品、阳性标准品和测试样品。所有样品检测液、空白对照都必须设置一个重复。如果不符合表 4-4 中所列的条件，所有检测实验需重新操作。

表 4-4 结果可信度判断的条件

项目	条件
空白对照	$OD_{450}<0.30$
阴性标准品	$OD_{450}<0.30$
2.5%阳性标准品	$OD_{450}\geqslant0.8$
所有阳性标准品，OD 值	重复的 OD 值差异<15% 重复的 CV<15%
未知样品、溶液	重复的 OD 值差异<20% 重复的 CV<20%

任务结束后，完成《学生技能训练手册》考评工单。

工作反思

1. 酶联免疫吸附试验（ELISA）过程如何？

2. 酶联免疫吸附试验（ELISA）能否进行转基因食品的检测呢？与 PCR 检测又有哪些不同呢？有种新技术 PCR-ELISA，了解下应用吧。

知识小结

1. 原理：ELISA 的基础是抗原或抗体的固相化及抗原或抗体的酶标记。结合在固相载体表面的抗原或抗体仍保持其免疫学活性，酶标记的抗原或抗体既保留其免疫学活性，又保留酶的活性。

2. 测定：受检标本（测定其中的抗体或抗原）与固相载体表面的抗原或抗体起反应。用洗涤的方法使固相载体上形成的抗原抗体复合物与液体中的其他物质分开。再加入酶标记的抗原或抗体，也通过反应而结合在固相载体上。此时固相载体上的酶量与标本中受检物质的量是一定的比例。加入酶反应的底物后，底物被酶催化成为有色产物，产物的量与标本中受检物质的量直接相关，故可根据呈色的深浅进行定性或定量分析。

3. 应用：由于酶的催化效率很高，间接地放大了免疫反应的结果，使测定方法达到很高的敏感度。目前该技术在兽药农药残留检测、生物毒素、转基因检测等食品安全检测中得到了广泛的应用。

一、单项选择题

1. 目前 ELISA 技术中最常用的底物是（　　　）。

A. 邻苯二胺　　　　B. 四甲基联苯胺　　　　C. 对硝基苯磷酸酯　　　D. 4-甲基伞酮

2. 邻苯二胺是（　　　）的底物。

A. 脲酶　　　　　　B. 碱性磷酸酶　　　　　C. 葡萄糖氧化酶　　　　D. 辣根过氧化物酶

3. 酶免疫技术中结合物是指（　　　）。

A. 固相的抗原或抗体　　　　　　　　　B. 待测抗原或抗体

C. 用于标记的抗原或抗体　　　　　　　D. 酶标记的抗体或抗原

4. 下面（　　　）不是温育常用温度。

A. 43℃　　　　　　B. 37℃　　　　　　　C. 30℃　　　　　　　　D. 4℃

5. （　　　）ELISA 既可以测抗原又可以测抗体。

A. 双抗体夹心法　　　　　　　　　　　B. 间接法

C. 竞争法　　　　　　　　　　　　　　D. 双抗原夹心法

6. 在 ELISA 中一般有（　　　）次加样步骤。

A. 1　　　　　　　　B. 2　　　　　　　　　C. 3　　　　　　　　　D. 4

7. ELISA 法检测猪肉中莱克多巴胺时，酶标仪设置的波长为（　　　）。

A. 400 nm　　　　　B. 450 nm　　　　　　C. 490 nm　　　　　　　D. 550 nm

8. ELISA 法莱克多巴胺的原理是（　　　）。

A. 间接竞争法　　　B. 双抗体夹心法　　　C. 捕获法　　　　　　　D. 竞争法

二、判断题

1. 采用 ELISA 法检测动物组织中莱克多巴胺时，忘记加酶或者显色液，均会导致白板现象。

2. ELISA 法根据其原理不同，既可以检测抗原，又可以检测抗体。

3. 酶联免疫吸附试剂从冷藏环境中取出后需置于室温平衡 30 min。

三、填空题

1. 把抗原和抗体吸附到固相载体表面的这个过程，称为＿＿＿＿＿＿＿＿＿。

2. ELISA 的比色测定主要由＿＿＿＿＿＿＿进行测定。

3. ＿＿＿＿＿＿＿＿是酶联免疫吸附试验的关键操作。

4. ELISA 反应条件包括＿＿＿＿＿、＿＿＿＿＿＿和＿＿＿＿＿。

四、简答题

1. 酶联免疫吸附对酶的要求是什么？常用酶及底物有哪些？

2. 酶联免疫吸附主要有哪种类型？

3. 莱克多巴胺酶联免疫吸附法原理是什么？

4. 莱克多巴胺酶联免疫吸附试验前需要做哪些准备？

5. 简述莱克多巴胺酶联免疫吸附法注意事项。

6. 为什么 ELISA 反应都是需要一定时间的温育呢？

模块五

蛋白质分离、纯化与分析技术

🔆 知识目标

1. 了解蛋白质分离纯化的常用技术手段。
2. 熟悉蛋白质凝胶电泳技术的相关概念、基本原理和主要步骤。
3. 识记蛋白质凝胶电泳缓冲液体系的组成成分及凝胶的制备方法，掌握蛋白质凝胶电泳的参数设置。

🔆 技能目标

1. 能够根据实验任务完成蛋白质凝胶电泳相关的缓冲液配制及凝胶的制备。
2. 能够熟练操作蛋白质电泳系统。

🏅 思政素养目标

1. 树立表达产物的质量意识，培养"质量第一"的行业意识。
2. 注意实验废弃物处理和实验室安全问题，培养自我保护意识和环保意识。

　　蛋白质是由氨基酸通过肽键连接并且经过折叠修饰后形成的具有特定结构和功能的生物大分子。蛋白质在生物体内含量丰富、种类繁多且功能复杂，几乎没有一种生命活动能离开它，可以说蛋白质是一切生命的物质基础。也正因如此，蛋白质在医药领域和食品加工领域具有极其重要的应用价值。源源不断地对新蛋白资源进行研究探索，有助于蛋白质在食品加工领域得到更广泛的应用。而蛋白质在组织和细胞中一般都是以复杂的混合形式存在，往往会有成百上千种不同的蛋白质共存于一个体系中。所以蛋白质的分离纯化技术是研究蛋白质的基础和关键之一。

项目

蛋白质的分离与纯化技术

目前，对蛋白质结构和功能的研究主要集中在4个方面。一是研究生命本质，从生物材料中分离制备蛋白，了解其对生命活动的作用，阐述某些生命现象的本质；二是应用于工业生产，食品、发酵、纺织及皮革等工业需要大量的酶制剂，如 α-淀粉酶、糖化酶、β-淀粉酶及普鲁兰酶常用于生产葡萄糖、麦芽糖和糊精等；三是应用于医疗，目前有许多安全有效的蛋白质类药物，如胰岛素用于治疗糖尿病、尿激酶用于治疗各种血栓性疾病；四是用于基因工程，某些蛋白质或酶在天然条件下产量极低，不利于应用，常通过构建基因工程菌进行外源表达以提高产量；此外还可对酶进行基因工程改造，以提高其酶活力、热稳定性和 pH 稳定性等。

为了拓宽蛋白质在食品加工领域的应用范围，常需要构建某个外源蛋白的基因工程菌。构建好的基因工程菌需要进行诱导表达，从而获得相应的外源蛋白。作为蛋白质分析技术部门，此次的检测任务是通过蛋白质凝胶电泳技术对工程菌的菌体蛋白进行分离纯化，判断外源蛋白是否成功表达。

必备知识

一、蛋白质的理化性质

蛋白质是由氨基酸经肽键连接，并且经过一定折叠修饰后形成的生物大分子。构成每种蛋白质的氨基酸种类、数目和排序均有所不同，折叠修饰情况也各不相同，因此不同的蛋白质在物理、化学和生物学特性方面都有着极大的不同。蛋白质的分离纯化主要就是基于不同蛋白质的理化性质不同的原理来进行的。蛋白质常见的理化性质有：溶解度、等电点、分子质量、密度、所带电荷、配体特异性、疏水性质、基因工程构建的纯化标记等。

1. 溶解度

很多外界因素，如溶液的 pH、离子强度、介电常数和温度等，都会影响蛋白质的溶解度。在某一特定的外界条件下，不同的蛋白质溶解度不同。通过适当改变外界条件，可以改变复杂蛋白体系中某一种蛋白质的溶解度。

2. 等电点

蛋白质的等电点（p*I*）是指使蛋白质分子所带正电荷与负电荷相等时溶液的 pH，由蛋白质上带正、负电荷的氨基酸残基数目和滴定曲线所决定。当溶液的 pH < p*I* 时，蛋白质带正电荷；当溶液的 pH > p*I* 时，蛋白质带负电荷；当溶液的 pH = p*I* 时，蛋白质所带净电荷为零。蛋白质所带净电荷为零时，蛋白质颗粒之间的静电斥力最小，相应的溶解度也最小。

3. 分子质量

不同的蛋白质其氨基酸数量和种类各不相同，因此分子质量也有所不同。通常地，蛋白质的分子量在 10~1000 kD，分子颗粒的直径在 1~100 nm。

4. 密度

对于大多数蛋白质而言，其密度差异并不大，通常在 1.3~1.4 g/mL。但是含有大量磷酸盐或脂质的蛋白质与一般蛋白质在密度上存在明显的差异。

5. 所带电荷

蛋白质的净电荷取决于氨基酸残基所带正、负电荷的总和。当蛋白质中天冬氨酸和谷氨酸残基占优势时，该蛋白质在 pH 7.0 的外界条件下带净负电荷，称为酸性蛋白质；反之，当蛋白质中赖氨酸和精氨酸残基占优势时，该蛋白质在 pH 7.0 的外界条件下带净正电荷，称为碱性蛋白质。

6. 配体特异性

许多生物大分子，尤其是蛋白质，都具有与其结构相对应的专一分子发生可逆性结合的特性，这一特性就是配体特异性。例如，酶蛋白和辅酶及底物间就有一种特殊的亲和力，在一定条件下它们能紧密结合形成复合物。

7. 疏水性质

蛋白质的大多数疏水性氨基酸残基都隐藏在分子内部，少部分暴露于分子表面。蛋白质的疏水性质取决于分子表面疏水氨基酸残基的数目和空间分布。

8. 基因工程构建的纯化标记

为了便于纯化，科研工作者在设计和构建目的蛋白的基因工程菌时，会在目的蛋白的 N 端或 C 端加入纯化标记。纯化标记多是一些经过验证且应用成熟的小肽段，这些小肽段与某些物质特殊的亲和性有助于目的蛋白的分离纯化。常见的纯化标记有：GST 融合载体、蛋白 A 融合载体和组氨酸标签等。

二、蛋白质的分离纯化方法及其原理

要想对蛋白质的结构和功能进行研究，首先要分离纯化出高纯度的蛋白质。随着研究的不断加深，蛋白质的分离纯化技术也越来越多种多样。

1. 利用溶解度差异的分离方法

利用溶解度差异分离的方法也称沉淀法，是指通过沉淀作用，将目的蛋白（或杂质）由液相变成固相析出，而杂质（或目的蛋白）仍保留在溶剂中，从而实现目的蛋白与杂质初步分离的过程。沉淀法操作简单且经济快捷，是蛋白质分离纯化的常用方法之一。沉淀法的基本原理是：不同蛋白质因自身理化性质不同，在相同溶剂中会具有不同溶解度，通过调节溶剂可以使某种或某几种蛋白质的溶解度变小，从溶液中析出。根据蛋白质不同的理化性质，沉淀法又分为盐析法、等电点沉淀法、有机溶剂沉淀法和亲和沉淀法等。

（1）盐析法

蛋白质能够在水溶液中稳定存在，主要源于两方面作用：一定 pH 条件下蛋白质所带电荷产生静电作用，使得蛋白质分子间相互排斥，减少了分子间聚集沉淀现象的发生；此外，水分子在蛋白质表面有序排列形成了水化膜，水化膜也可以减少蛋白质分子间聚集沉淀现象的发生。

在蛋白质水溶液中加入适量中性盐，会使得蛋白质析出，主要是因为：一方面，盐离子可以和蛋白质表面所带有的电性相反的离子基团结合，从而中和了蛋白质的部分电性，使蛋白质分子间的静电斥力减弱，增加了分子间聚集沉淀的机会；另一方面，中性盐亲水性较强，可以抢夺蛋白质表面的水分子从而破坏水化膜，同样增加了蛋白质分子间聚集沉淀的机会。盐析时最常选用的盐为硫酸铵，它具有诸多优点：溶解度大且对温度不敏感；分级效果好；可以稳定蛋白质；价格低廉，操作简单安全。

（2）等电点沉淀法

当溶液的 pH 达到某蛋白质的等电点（pI）时，该蛋白质分子表面净电荷为零，静电作用和水化膜均遭到削弱或破坏，分子间排斥力减弱，此时蛋白质的溶解度最低，极易沉淀析出。等电点沉淀法正是利用上述原理，通过调节溶液的 pH 至某蛋白质的等电点附近，使该蛋白质从复杂的溶液体系中沉淀析出，从而达到分离纯化的目的。

（3）有机溶剂沉淀法

一方面，亲水性有机溶剂可以降低蛋白质水溶液的介电常数，从而改变蛋白质分子间的静电作用力，使蛋白质易聚集沉淀；另一方面，亲水性有机溶剂本身具有水合作用，会降低溶液中自由水的含量，从而减弱蛋白质分子表面水化膜的形成，使蛋白质脱水聚集。所以，可以通过向水溶液中加入适量亲水性有机溶剂，如乙醇、甲醇、二甲基甲酰胺、乙腈、丙酮和二甲基亚砜（DMSO）等，使蛋白质沉淀析出，从而达到分离纯化的目的。

（4）亲和沉淀法

亲和沉淀法主要是利用了蛋白质的配体特异性，使目的蛋白和其特异性的亲和配体形成共聚物。这种共聚物可以在一定条件下形成沉淀，从而将目的蛋白分离出来。大多数情况下，蛋白质与亲和配体的结合都是可逆的，通过一定的方法可以将目的蛋白解离出来，最终得到纯度较高的目的蛋白。

2. 根据分子量不同的分离方法

根据分子量不同来进行蛋白质分离的方法中，最常用的是透析和超滤。这两种方法最主要的区别在于使用的膜材料不同。此外，根据分子量不同进行分离的方法还有凝胶色谱和凝胶电泳，它们分别属于色谱法和电泳法这两种特殊的技术大类，所以在此处不做过多介绍。差速离心和区带离心法也与被分离组分的分子量大小有一定关系，但是这两种方法还利用了蛋白质的其他性质，且常用于特殊样品或组分的分离，本书中也不做具体介绍。

（1）透析

透析所用到的膜为具有一定大小孔径的半透膜。实际操作时，通常将半透膜制成袋状（称为透析袋），蛋白质溶液装入透析袋内。在分子扩散运动和渗透压的共同作用下，小分子的物质（如盐离子和小分子蛋白质）会不断地透过半透膜逸散到透析袋外，而大分子的蛋白质因无法穿过半透膜被截留在透析袋内。通过透析作用，可以去除蛋白质溶液中的盐离子、少量有机溶剂以及部分小分子杂质。在蛋白质分离纯化过程中，透析主要用于脱盐、置换溶剂和浓缩。

（2）超滤

超滤所用到的膜通常由乙酸纤维或硝酸纤维制成，也有用聚砜、聚砜酰胺或聚丙烯腈等制成的。超滤膜可以分离分子量为 3～1000 kDa，直径大于 0.1 μm 的大分子物质。超滤膜规格很多，通常情况下超滤膜会标注截留分子量。为了达到更好的分离纯化效果，应选择截留分子量稍低于待分离蛋白质分子量的超滤膜。在蛋白质分离纯化过程中，超滤的作用和透析类似，主要用于脱盐、脱水和浓缩。

3. 电泳技术

带电颗粒在电场作用下，向着与其电荷相反的电极迁移的现象称之为电泳。电场之中，带电颗粒的运动主要取决于两种力的作用：电场力和阻力。电场力（F）的大小等于颗粒所带净电荷（Q）和电场强度（E）的乘积，即 $F = QE$；阻力（F'）的大小为：$F' = 6\pi r\eta v$，其中 r 是颗粒半径，η 是介质黏度，v 是质点移动速度。从公式中不难看出，带电颗粒的迁移会受到本身理化性质的影响。所带电荷越多、半径越小，则电场力越大阻力越小，相应地颗粒的泳动速度越快，相同时间内迁移距离越长。反之，颗粒的迁移距离越短。

蛋白质分子可以近似地看作球形颗粒，其半径大小与分子量大小成正比。同时，蛋白质作为一种两性分子，在一定 pH 条件下也会带电荷。所以，常用电泳的方式对蛋白质进行分离纯化和初步鉴定。

蛋白质电泳种类繁多，按照有无支持介质可以分为移动界面电泳和支持物电泳。其中，移动界面电泳是指蛋白质在没有支持介质的溶液中进行电泳，如柱电泳、等速电泳和显微镜电泳等。移动界面电泳技术所使用到的电泳仪结构复杂、价格昂贵且对操作要求很高，所以有一定局限性。支持物电泳是指蛋白质在支持介质上分离成若干区带的过程，是目前应用最广泛的电泳形式。根据支持介质材料的不同，又可以分为纸电泳、粉末电泳、凝胶电泳和缘线电泳等。

（1）纸电泳

以滤纸作为支持物。

（2）粉末电泳

以纤维素粉、玻璃粉和淀粉等作为支持物。

（3）凝胶电泳

以一些特殊的化学物质形成的凝胶作为支持物，如琼脂糖凝胶、淀粉凝胶和聚丙烯酰胺凝胶等。

（4）缘线电泳

以尼龙丝或人造丝等作为支持物。

4. 色谱技术

色谱分离技术在 20 世纪初由俄国的植物化学家茨维特首次提出。他在实验过程中发现，将植物提取液加入装有碳酸钙的玻璃管中，由于植物提取液各成分在碳酸钙中的流速不同，玻璃管中呈现出不同颜色的区带，说明碳酸钙玻璃管对植物提取液产生了分离作用。随后，茨维特将实验结果以论文形式发表，在论文中他将这一方法命名为 chromatography，即色谱。色谱分离技术，其实就是根据待分离物质与色谱固定相之间的相互作用来进行分离的一种方法。而待分离物质与固定相之间的相互作用取决于二者的理化性质和生物学性质。随着现代色谱技术的不断发展，色谱法已经成为了蛋白质分离的核心技术手段，其种类也越来越多样化。其中，应用最广泛的有分子筛色谱、离子交换色谱、亲和色谱和疏水作用色谱。详述如下。

（1）分子筛色谱

分子筛色谱是以凝胶为分离基质，依据蛋白质分子大小不同来进行分离的一种方法，也被称为凝胶排阻色谱。凝胶是一种珠状的颗粒物质，其内部具有立体网络结构，网络结构中存在一定孔径大小的空隙。当混合样品在分子筛色谱柱中自上而下流动时，小分子蛋白因为直径较小可以进入凝胶颗粒内部，不断地在不同凝胶颗粒间进入和流出，所以小分子蛋白的流程较长，需要更长的时间才能从出口流出。反之，大分子蛋白因为直径较大无法进入凝胶颗粒内部，只能从凝胶颗粒间的缝隙流过，所以流程短，会更快从出口流出。在这里，凝胶颗粒就像一个筛子，可以将蛋白混合液依据分子大小不同进行分离。

(2) 离子交换色谱

离子交换色谱是利用离子交换剂上的反离子（即可交换离子）与周围溶液中各种带电荷物质间的电荷作用力不同，经过交换平衡达到分离目的的一种方法。离子交换剂由三部分组成：基质（通常为纤维素、苯乙烯或葡聚糖凝胶等物质，起到支持物的作用）、电荷基团（通过化学反应与基质结合在一起）和反离子（与电荷基团带相反电荷，可与周围环境中带相同电荷的离子发生可逆交换反应）。当蛋白质混合样液流经离子交换柱时，与离子交换剂中电荷基团结合更紧密的蛋白质分子会竞争性结合在离子交换剂上，而与溶液中离子结合更紧密的蛋白质分子会更多地直接随流动相流出。待分离的蛋白质结合在离子交换剂上后，加入更强的竞争性结合的离子溶液，可以将吸附的蛋白质解离下来（即从色谱柱上洗脱下来）。最终通过蛋白质分子在离子交换剂和溶液中不断地解离和结合来达到分离纯化的目的。

(3) 亲和色谱

生物分子间，尤其是蛋白质分子，存在很多特异性的相互作用，这种相互作用往往都是专一且可逆的，被称为亲和力。很多蛋白质都具有这一特性，如抗原-抗体、酶-底物或酶-抑制剂等。亲和色谱就是利用待分离蛋白质和特异性配体间的亲和力来实现分离纯化目的的一种层析方法。与离子交换色谱类似，亲和色谱的亲和吸附剂（即固定相）也是由三部分组成：基质（起到支持物的作用，材料多样，其中琼脂糖凝胶用得最多）、连接臂（一些化学键，用于连接基质和配体）和配体（与待分离蛋白质可以特异性结合，起到特异性吸附待分离蛋白质的作用）。当蛋白质混合样液流经亲和色谱柱时，和柱中配体具有特异性亲和力的蛋白质分子会被吸附在固定相上，其他蛋白质分子会随起始缓冲液流出。当其他蛋白质全部流出后，改变起始缓冲液的 pH、离子强度或加入抑制剂等，使待分离蛋白从固定相上被洗脱下来，从而得到纯的待分离蛋白。改变固定相中配体的种类，可以实现不同蛋白质的分离纯化。

(4) 疏水作用色谱

疏水作用色谱是根据蛋白质表面疏水性的差别对蛋白质或多肽等物质进行分离纯化的一种常用方法。蛋白质或多肽等物质表面暴露着一些疏水基团，这些疏水基团可以与色谱柱中的疏水性介质因疏水相互作用而结合。不同蛋白质的疏水程度和性质不同，其与疏水性介质的结合强度也不同，利用此原理可以实现蛋白质的分离纯化。当溶液中离子强度较高时，蛋白质与疏水性介质间的疏水作用也增强，大部分蛋白质组分都可以吸附在固定相上。所以在进行疏水作用色谱分离时，通常在高离子强度条件下进行上样，使大部分蛋白质组分都吸附在柱中。上样结束后，逐渐降低缓冲液的离子强度，疏水性弱的蛋白质先被洗脱下来，疏水性强的蛋白质最后被洗脱下来。

三、蛋白质的凝胶电泳技术

众多的蛋白质分离纯化方法中,应用最广泛且最简单快速的是聚丙烯酰胺凝胶电泳技术。

1. 聚丙烯酰胺凝胶电泳技术概述

以琼脂凝胶、淀粉凝胶、琼脂糖凝胶或聚丙烯酰胺凝胶等作为支持介质的区带电泳法被称为凝胶电泳。其中,以聚丙烯酰胺凝胶作为介质的电泳就是聚丙烯酰胺凝胶电泳,它是蛋白质分离鉴定时最常用、最基础的电泳方法。聚丙烯酰胺凝胶内部呈立体网络结构,孔径大小可以人为控制,有类似分子筛的作用,能够实现各种分子量大小的蛋白质的分离。我们常说的聚丙烯酰胺凝胶电泳主要是指常规聚丙烯酰胺电泳(PAGE,非变性电泳)和SDS-聚丙烯酰胺电泳(SDS-PAGE,变性电泳)。

2. 聚丙烯酰胺电泳的基本原理

(1)聚丙烯酰胺凝胶的形成及其影响因素

① 凝胶形成　单体丙烯酰胺(简称 Acr)和交联剂 N, N'-亚甲基双丙烯酰胺(简称Bis)在催化系统的作用下发生聚合交联,形成具有立体网状结构的凝胶,即为聚丙烯酰胺凝胶。催化系统分为两种:化学催化系统和光催化系统。

化学催化系统下凝胶的形成:过硫酸铵(APS)和 N, N, N', N'-四甲基乙二胺(TEMED)是最常用的化学催化系统。TEMED 分子中的碱基会催化 APS 形成硫酸根自由基,而硫酸根自由基会与丙烯酰胺发生氧化还原反应,使多个丙烯酰胺聚合形成长链结构。在交联剂 N, N'-亚甲基双丙烯酰胺的作用下,丙烯酰胺长链结构进一步交联聚合成具有立体网状结构的凝胶。

光催化系统下凝胶的形成:核黄素-TEMED 催化系统是常见的光催化系统。此催化系统下凝胶的形成与上述化学催化过程基本相同,唯一的区别是自由基的产生过程不同。核黄素在光照作用下被还原为无色核黄素,无色核黄素又在少量氧的作用下被氧化形成自由基。

② 影响凝胶特性的主要因素　聚丙烯酰胺凝胶的特性取决于两个参数:凝胶总浓度(T)和交联度(C)。

$$T = \frac{m_a + m_b}{V} \times 100\%$$

$$C = \frac{m_b}{m_a + m_b} \times 100\%$$

式中　m_a——丙烯酰胺的质量,g;

　　　m_b——交联剂 N, N'-甲叉双丙烯酰胺的质量,g;

V——凝胶溶液的终体积，mL。

凝胶总浓度（T）越大，凝胶形成的越致密，相应地有效孔径越小，在电泳过程中表现为带电颗粒移动阻力大。当凝胶总浓度固定时，交联剂的含量也会影响凝胶孔径，通常在交联度（C）为5%时，凝胶的平均孔径最小，交联度偏离5%后，凝胶孔径有所增大。

（2）聚丙烯酰胺电泳的分离效应

用聚丙烯酰胺凝胶电泳分离样品时，存在三种效应：浓缩效应（发生在浓缩胶中）、电荷效应和分子筛效应（发生在分离胶中，PAGE两种效应均存在，SDS-PAGE无电荷效应）。

① 浓缩效应 凝胶一般由两种不同的胶层组成。上层为浓缩层，凝胶总浓度低（通常为5%），孔径大，缓冲液pH 6.8。下层为分离胶，凝胶总浓度高（通常为6%～15%不等），孔径小，缓冲液pH 8.8。电泳槽中加入pH 8.3的Tris-甘氨酸缓冲液，以形成封闭电路。

在pH 6.8的浓缩胶中，几乎全部的HCl解离释放出Cl^-，极少部分甘氨酸解离释放出$H_2NCH_2COO^-$，蛋白质的解离度介于HCl和甘氨酸之间。电泳系统通电后，上述3种离子都向正极迁移，且迁移速率为Cl^->蛋白质>$H_2NCH_2COO^-$。所以电泳开始时，Cl^-会跑在最前面。当Cl^-跑在最前面时，其后就会形成一个低离子浓度的区域（相应地具有较高电压梯度）。在高电压梯度的作用下，蛋白质和$H_2NCH_2COO^-$的迁移速率会加快，迅速追赶前面的Cl^-。在Cl^-不断超越，$H_2NCH_2COO^-$不断追赶的过程中，Cl^-和$H_2NCH_2COO^-$之间的距离越来越小，直至它们具有相同的迁移速度时，在两种离子之间形成了一个狭窄的区带，这一区带稳定而又不断地向正极移动。蛋白质的迁移速率介于Cl^-和$H_2NCH_2COO^-$之间，所以蛋白质就被压缩在上述狭窄而稳定的区带当中。通过浓缩效应，可以使蛋白质样品在进入分离胶之前被压缩在同一起跑线上。蛋白质在浓缩胶中的迁移过程如图5-1所示。

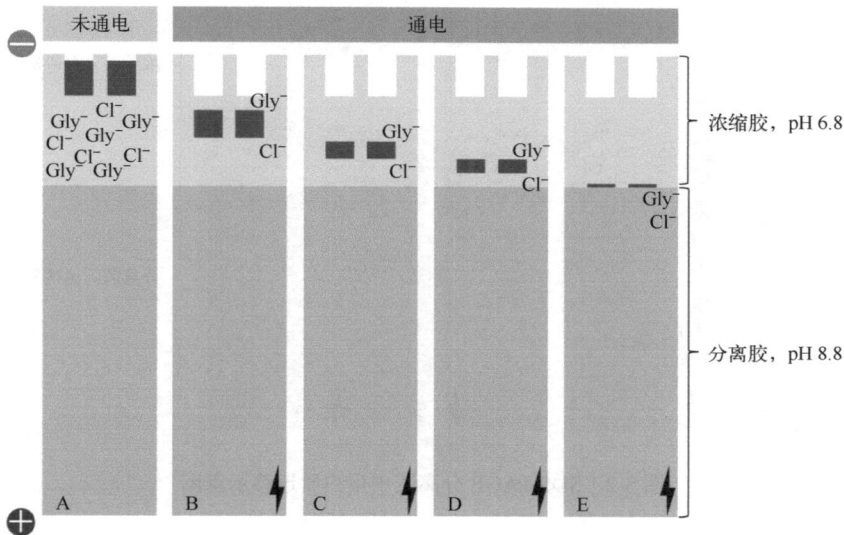

图 5-1 浓缩胶中蛋白质迁移示意图

② 电荷效应　分离胶的 pH 为 8.8，样品从浓缩胶进入分离胶后甘氨酸全部解离为 $H_2NCH_2COO^-$，迁移速率加快，很快超过蛋白质。之前的高电压梯度也随之消失，蛋白质处于均一的外加电场之中。由于不同蛋白质其带有的电荷量不同，在电场作用下呈现出不同的迁移速率，所以在电泳一段时间后蛋白质会形成不同的区带。

SDS-PAGE 相比于 PAGE 而言，加入了 SDS（十二烷基硫酸钠）。而 SDS 带有大量负电荷，可以消除蛋白质分子间原有的电荷差异。所以，SDS-聚丙烯酰胺电泳是没有电荷效应的，蛋白质在 SDS-PAGE 中的迁移速率仅取决于分子量大小。

③ 分子筛效应　聚丙烯酰胺凝胶内部呈现立体网状结构，具有一定大小的孔径。分子量大小不同的蛋白质经过凝胶时，受阻塞程度不同，从而表现出不同的迁移速率。分子量小的蛋白质阻力小，跑得快，反之分子量大的蛋白质跑得慢。经过一定时间的电场作用，不同分子量大小的蛋白质会呈现出不同的区带。SDS-PAGE 对蛋白质的有效范围以及蛋白质在 SDS-PAGE 分离胶中的迁移情况分别如表 5-1 和图 5-2 所示。

表 5-1　分离胶浓度选择参考表

分离胶浓度/%	蛋白质分子的有效分离范围/kDa
6	60~200
8	20~180
10	15~160
12	10~120
15	10~40

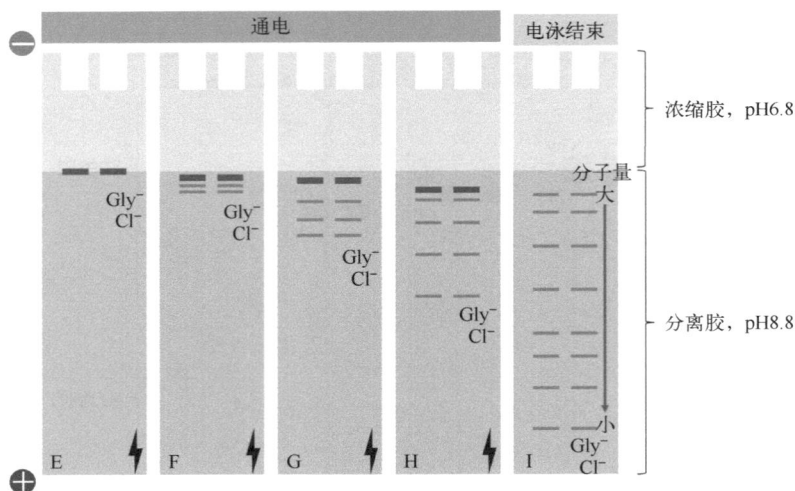

图 5-2　SDS-PAGE 分离胶中蛋白质迁移示意图

3. SDS-PAGE 的基本操作

（1）电泳系统的组成

SDS-PAGE 的电泳系统主要由电泳仪、电泳仪电源和主要配件组成。以某品牌某型号的电泳系统为例进行介绍，不同品牌不同型号的电泳系统虽然存在一些细节上的差异，但其构造大体相同。

① 电泳仪　如图 5-3 所示，是某品牌 SDS-PAGE 电泳仪的构造。

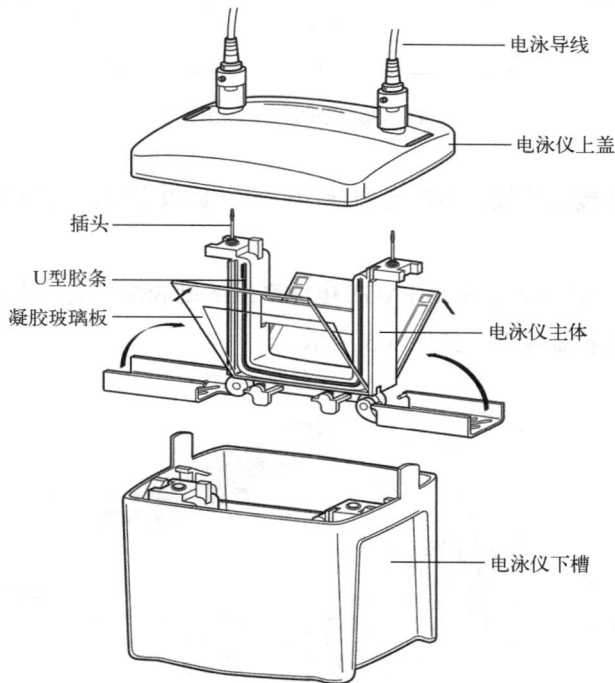

图 5-3　某品牌某型号电泳仪构造图

电泳仪上盖连接着电源导线，电源导线可以连通电泳仪电源。

电泳仪主体像一个"三明治结构"，前后两边可以各放置一套带有凝胶的玻璃板。两套凝胶玻璃板通过两侧的装置夹紧，并且在 U 型胶条的密封作用下形成密闭空间。此空间后续要用电泳缓冲液填满，以使凝胶处于闭合的电流回路中。此外，电泳仪主体上还带有连接电泳导线的插头。

电泳仪下槽用于放置电泳仪主体和添加电泳缓冲液。

② 电泳仪电源　如图 5-4 所示，以某品牌基础电泳仪电源为例进行介绍。

操作面板可以设定恒电压电泳或者恒电流电泳，+/–按钮可以升高或降低设定的电压值或电流值。此外，操作面板上还有"开始/暂停（run/pause）"和"停止（stop）"按钮。相应地，用于控制电泳的开始、暂停和结束。

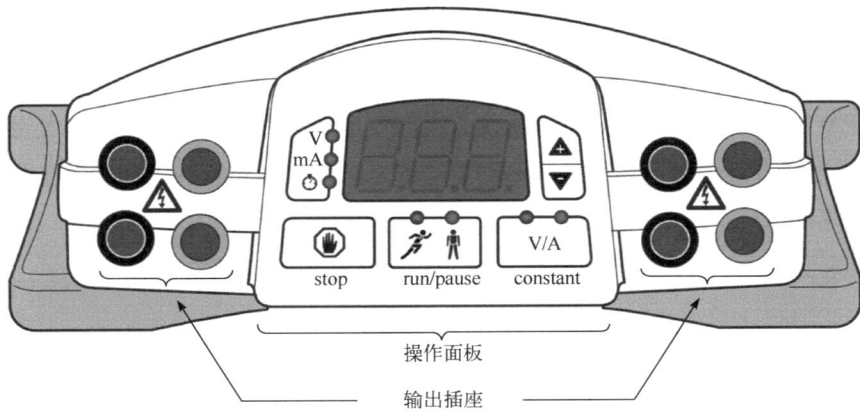

图 5-4　某品牌基础电泳仪电源

输出插座用于连接电泳仪上盖的电源导线，有正负极之分，连接时应注意与电源导线的正负极对应。

③ 制胶配件　一般来说，SDS-PAGE 电泳系统的制胶配件有：凹玻璃板、平玻璃板、密封条、梳子、压板和制胶架，如图 5-5 所示。

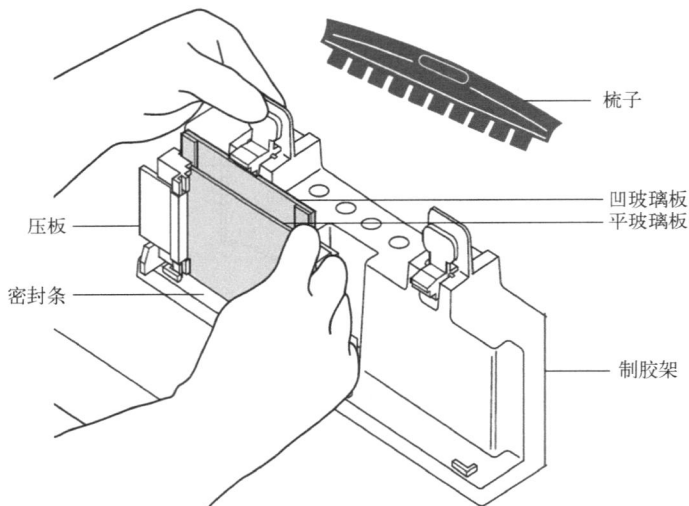

图 5-5　制胶配件使用示意图

凹玻璃板，是由一块相对厚一点的平玻璃板两边粘一定厚度的玻璃边条所形成的。玻璃边条的厚度通常有 3 种规格：0.75 mm、1.0 mm 和 1.5 mm，玻璃边条的厚度决定了制得的凝胶厚度。

平玻璃板，是一块薄玻璃板，和凹玻璃板配套使用可以形成中空夹层，用于灌胶。

密封条，材质通常为热塑性橡胶。制胶时衬于两块玻璃板下方，可以避免灌入夹层的凝胶溶液从下方漏掉。

压板，凹玻璃板和平玻璃板这二者在下端对齐后可通过压板被夹紧。

制胶架，用于固定被夹紧后的凹玻璃板和平玻璃板。

梳子，用于插入浓缩胶中形成加样孔，有不同的厚度规格和加样孔数目规格。厚度规格通常分为 0.75 mm、1.0 mm 和 1.5 mm；加样孔数目规格通常有 5 孔、9 孔、10 孔和 15 孔 4 种。

(2) 溶液配制

① Acr/Bis 溶液（30% T，2.67% C）。29.2 g 丙烯酰胺和 0.8 g N, N'-亚甲基双丙烯酰胺，用去离子水溶解并定容至 100 mL。

② 10% SDS。10 g SDS 加入 90 mL 去离子水中，轻柔搅拌至完全溶解，定容至 100 mL。

③ 1.5 mol/L Tris-HCl，pH 8.8。27.23 g 三羟甲基氨基甲烷（Tris）溶于 80 mL 去离子水，用 6 mol/L HCl 调至 pH 8.8 后，用去离子水定容至 150 mL。

④ 0.5 mol/L Tris-HCl，pH 6.8。6 g 三羟甲基氨基甲烷（Tris）溶于 60 mL 去离子水，用 6 mol/L HCl 调至 pH 6.8 后，用去离子水定容至 100 mL。

⑤ 上样缓冲液。3.55 mL 去离子水+1.25 mL 0.5 mol/L Tris-HCl（pH 6.8）+2.5 mL 甘油+2.0 mL 10% SDS+0.2 mL 0.5%溴酚蓝，共 9.5 mL，混匀。使用前，每 950 μL 上述混合液中加入 50 μL β-巯基乙醇。

⑥ 10×电泳缓冲液，pH 8.3。30.3 g 三羟甲基氨基甲烷（Tris base）、144.0 g 甘氨酸和 10.0 g SDS 加入适量去离子水中，轻柔搅拌至完全溶解，并用去离子水定容至 1000 mL。临用前稀释 10 倍，制得 1×电泳缓冲液用于电泳。

⑦ 10% APS（现用现配）。100 mg 过硫酸铵溶于 1 mL 去离子水。

⑧ 固定液。乙醇 500 mL + 冰乙酸 100 mL + 去离子水 400 mL，混匀。

⑨ 染色液。甲醇 225 mL+冰乙酸 50 mL+去离子水 225 mL，混匀；称取 500 mg 考马斯亮蓝 R250，溶于前述混合液中。

⑩ 脱色液。95%乙醇 250 mL+冰乙酸 80 mL+去离子水 1000 mL，混匀。

(3) 凝胶制备

① 安装玻璃板。将两块干净的凝胶玻璃板拼在一起后垂直放在胶条上，用夹子将玻璃板夹紧，使玻璃板下方的缝隙完全被胶条密封。值得说明的是，用于制备凝胶的这两块玻璃板是成套的，由一块凹玻璃板和一块平玻璃板组成。

② 制备分离胶。首先，根据样品中待分离或待鉴定的蛋白质分子量大小来选择适宜的分离胶浓度。按表 5-2 中各溶液的比例准备相应浓度的分离胶溶液。在倒胶前，按每 10 mL 上述混合液中添加 50 μL 10% APS 和 5 μL TEMED 的标准加入 APS 和 TEMED。轻轻混匀后，将混合液浇注于凝胶玻璃板之间。迅速沿玻璃板内壁加入适量去离子水，以压平分离

胶的上界面，同时还可以隔绝空气，利于交联聚合的发生。

表 5-2　SDS-PAGE 分离胶配方表

分离胶浓度	去离子水/mL	Acr/Bis(30%储备液)/mL	1.5 mol/L Tris-HCl (pH 8.8)/mL	10% SDS/mL
6%	5.4	2.0	2.5	0.1
7%	5.1	2.3	2.5	0.1
8%	4.7	2.7	2.5	0.1
9%	4.4	3.0	2.5	0.1
10%	4.1	3.3	2.5	0.1
11%	3.7	3.7	2.5	0.1
12%	3.4	4.0	2.5	0.1
13%	3.1	4.3	2.5	0.1
14%	2.7	4.7	2.5	0.1
15%	2.4	5.0	2.5	0.1
16%	2.1	5.3	2.5	0.1
17%	1.7	5.7	2.5	0.1

③ 制备浓缩胶。待分离胶聚合完全后，倾去其上面液封的水，必要时用滤纸将残留的水分小心吸干。按表 5-3 中各溶液的比例制备 5%浓缩胶溶液。在倒胶前，按每 10 mL 上述混合液中添加 50 μL 10% APS 和 10 μL TEMED 的标准加入 APS 和 TEMED。轻轻混匀后，将混合液加到玻璃板之间，分离胶的上方。当加入的浓缩胶混合液与玻璃板上端齐平时，插入梳子。静置一段时间，等浓缩胶聚合完全后再拔出梳子。

表 5-3　SDS-PAGE 浓缩胶配方表

溶液名称	各种凝胶体积所对应的各种溶液的取样量/mL							
	1 mL	2 mL	3 mL	4 mL	5 mL	6 mL	8 mL	10 mL
去离子水	0.57	1.14	1.71	2.28	2.85	3.42	4.56	5.7
Acr/Bis	0.17	0.34	0.51	0.68	0.85	1.02	1.36	1.7
0.5 mol/L Tris-HCl(pH 6.8)	0.25	0.5	0.75	1	1.25	1.5	2	2.5
10% SDS	0.01	0.02	0.03	0.04	0.05	0.06	0.08	0.1

④ 样品制备。取经过预处理的样品，与等体积的上样缓冲液混合。并且在 90～100℃的条件下加热 5 min，或者 70℃条件下加热 10 min。加热结束后离心 2～3 min，取适量上清液用于后续加样。

⑤ 电泳系统准备。按照所使用品牌的蛋白凝胶电泳系统的使用说明书，安装好凝胶玻

璃板（即电泳仪主体）。将安装好的电泳仪主体放置在电泳槽内，注意正负极方向，不要放反。随后将适量的 1×电泳缓冲液加入电泳槽中，同时也将 1×电泳缓冲液加入电泳仪主体直至完全加满。至此，电泳系统准备完毕，可以进行加样和电泳。

⑥ 加样与电泳。取步骤④中制备好的样品上清液适量，注入加样孔中。在样品数少于加样孔数的情况下，样品优先加到中间的加样孔中，没有样品的加样孔中加入等体积的上样缓冲液。加样完毕后，正负极对应着盖好电泳仪的上盖。连接好电泳仪电源，设置电压或电流参数并开始电泳，直至溴酚蓝条带跑到距凝胶底部 0.5 cm 左右的位置为止。

⑦ 剥胶与固定。用斜插板将凝胶玻璃板撬开，沿玻璃板边缘小心地剥下凝胶。凝胶不好剥离时，可以将凝胶玻璃板浸泡在去离子水中，用手轻剥，同时晃动玻璃板，利用水流的作用将凝胶与玻璃板分开。剥离下的凝胶置于 7%乙酸溶液中浸泡数分钟到数小时，以固定其中的蛋白质。若剥胶后立即染色，可以省略这一步骤。

⑧ 染色与脱色。SDS-PAGE 中应用最广泛的染色方法为考马斯亮蓝法，此外还有银染色法、荧光探针法和针对特殊蛋白的一些染色方法。本书中，我们以考马斯亮蓝染色法的操作步骤为例进行介绍。

将凝胶放在适宜容器中，用去离子水清洗几遍，洗去残留的缓冲液。最后一次清洗后尽可能地把水倒干净，加入染色液直至液面完全淹没凝胶。盖好容器的盖子，置于摇床上低速摇动，染色 2～3 h。染色结束后，倒掉染色液，用去离子水清洗凝胶及容器，直至将染色液全部洗净。加入脱色液，使凝胶完全浸没在脱色液中，同样置于摇床上低速摇动脱色。脱色时间为 2～3 h，可以根据背景颜色是否脱除干净来判断脱色终点。

⑨ 特别说明：

a. 分离胶的浓度。分离胶的浓度应依据样品中蛋白质的分子量进行选择，具体可参考表 5-1。

b. 加样量。加样量主要体现在 2 个方面：每孔加入样品的体积和每孔加入的蛋白质的总量。不同样品其加样量均有所不同，应根据实际实验情况而定。每孔加入样品的体积不应超过加样孔能承载的最大体积量，否则样品将溢出。每孔加入蛋白质的总量应当适中：若蛋白质总量太少，可能会导致某些组分的条带过浅而无法识别；若蛋白质总量过多，可能会导致分子量相近的组分无法很好地分离，还可能因为蛋白质过载而使条带出现弯曲变形和拖尾现象。

c. 电泳时电压或电流的设置。电泳时可选择恒电压和恒电流两种模式。恒电压模式下，电流在电泳过程中呈动态变化；同样地，恒电流模式下，电压在电泳过程中也是动态变化的。电压或电流的设置主要是依据凝胶浓度和样品情况来确定的，具体的设置应根据实际情况确定。不过，还是有一些通用规则可以遵循。一般地，在恒电压模式下，样品在浓缩胶中的电压为 8 V/cm，在分离胶中的电压为 15 V/cm；在恒电流模式下，样品在浓缩胶中的电流为 15～20 mA，在分离胶中的电流为 40～50 mA。

d. 染色和脱色时间。染色和脱色的时间并没有严格的规定，可以根据实际实验情况进行调整。有时也可以过夜染色或过夜脱色。一般地，染色时间越长或染色剂浓度越高，染色后所需的脱色时间就越久。

技能训练

实训 12　聚丙烯酰胺凝胶电泳

任务目的

1. 熟练运用蛋白质凝胶电泳（SDS-PAGE）技术，对模块三中构建的大肠杆菌重组菌的表达产物进行分离纯化，判断外源蛋白是否成功表达。

2. 学会 SDS-PAGE 电泳系统的使用方法。

任务描述

蛋白质分子可以看作是具有一定半径的带电颗粒，在特定缓冲液以及电场作用下能够定向移动。在 SDS-PAGE 过程中，蛋白质溶液首先在浓缩胶中压缩为一条很窄的区带，这使得所有蛋白质组分都能同时进入分离胶。分离胶是具有一定孔径的立体网络结构，起到分子筛的作用，使得各蛋白质组分依据分子量大小的不同分离成多个区带。

任务准备

1. 器材

大肠杆菌重组菌诱导培养适当时间后的菌液、大肠杆菌宿主菌诱导培养适当时间后的菌液（阴性对照）、蛋白质标记、SDS-PAGE 电泳系统、凝胶成像系统、电磁炉、不锈钢锅、浮漂、离心管、移液枪、吸头和记号笔等。

2. 试剂

Acr/Bis 溶液（30% T，2.67% C）、10% SDS、1.5 mol/L Tris-HCl（pH 8.8）、0.5 mol/L Tris-HCl（pH 6.8）、上样缓冲液、1×电泳缓冲液（pH 8.3）、10% APS、固定液、染色液和脱色液。具体配制方法参照"SDS-PAGE 的基本操作"中的"溶液配制"。

任务实施

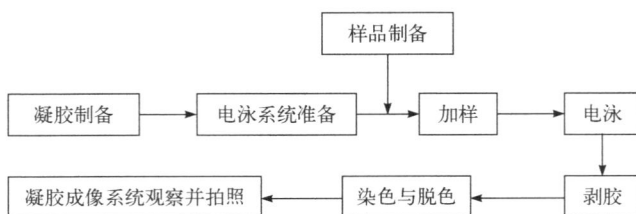

1. 样品制备

取大肠杆菌重组菌诱导培养适当时间后的菌液和大肠杆菌宿主菌诱导培养适当时间后的菌液各 2 mL，离心后吸除 1.5 mL 上清液，剩余部分混匀。取 20 μL 混匀液与 20 μL 上样缓冲液再次混匀，沸水浴 10 min。再次离心，上清液即为制备好的样品。

2. 凝胶制备

① 按照所选用的制胶配件的使用说明，将凹玻璃板和平玻璃板夹紧并固定在密封胶条上。插入梳子，在距离梳子下方约 0.5 cm 处做记号。

② 参照表 5-2 及 "制备分离胶" 中的描述，配制 10 mL 浓度为 8% 的分离胶溶液。在分离胶溶液中加入 50 μL 10% APS 和 5 μL TEMED 并轻柔混匀，迅速浇注到两块玻璃板之间直到液面到达记号处。缓慢沿玻璃板内壁加入适量去离子水，静置一段时间，等待胶凝。

③ 分离胶凝结后，倒掉其上方的去离子水，残留的水用滤纸小心吸干。参照表 5-3 及 "制备浓缩胶" 中的描述，配制 5 mL 浓度为 5% 的浓缩胶溶液。在浓缩胶溶液中加入 25 μL 10% APS 和 5 μL TEMED 并轻柔混匀，迅速浇注到分离胶上方直至液面与玻璃板顶端持平。缓慢插入梳子，静置一段时间，等待胶凝。胶凝后，小心拔出梳子。

3. 电泳系统准备

安装好凝胶玻璃板，将电泳仪主体放入电泳槽，倒入适量 1×电泳缓冲液。电泳主体放置时，正负极要和电泳槽上的正负极标志一致。

4. 加样

按蛋白质标记、宿主菌样品、重组菌样品的顺序加样，上样量均为 10 μL。

5. 电泳

加样结束后，迅速盖好电泳仪上盖，正负极对应着连接电泳仪电源。设置恒电压模式且电压为 80 V，开始电泳。当溴酚蓝指示条带到达浓缩胶和分离胶的分界面时，将电压调至 150 V，继续电泳。直至溴酚蓝指示条带到达距离凝胶底端约 0.5 cm 处，停止电泳。

6. 剥胶

按照 "SDS-PAGE 的基本操作" 中的描述剥离凝胶，并清洗。

7. 染色与脱色

按照 "SDS-PAGE 的基本操作" 中的描述进行染色和脱色。

8. 凝胶成像系统观察并拍照

使用凝胶成像系统观察实验结果并拍照。选择白色底板和投射光源，适当调整光圈大小和曝光时间，以使成像效果最佳。

注意事项

① β-巯基乙醇的毒性分级为高毒，吸入、摄入或经皮肤吸收后会引起中毒，具体表现

为震颤、呕吐、头疼和发绀等，严重时致命。此外，未聚合的丙烯酰胺也有毒性，是一种皮肤刺激物和神经毒素。所以，整个电泳实验都应当在通风橱中进行，并且正确佩戴手套和口罩，必要时还应佩戴护目镜。称量聚丙烯酰胺时，动作一定要轻，避免扬起药品粉末误吸入呼吸道。

② 制胶时，玻璃板底部一定要用密封胶条压紧，否则会因漏液而导致制胶失败。

③ 电泳仪主体的正负极、电泳仪上盖的正负极和电泳仪电源的正负极一定要对应连接，正负极接反会导致电路不通。

④ 加样时，加样的速度尽可能快，否则样品易扩散；加样动作要轻柔，切勿大力吹样；样品数少于加样孔数时，样品优先加在中间加样孔中，两侧未加样的加样孔中加入上样缓冲液。

⑤ 10% APS 应现用现配，24 h 内可用。

任务结果与评价

① 将阴性对照组样品的条带和实验组样品的条带进行对比，观察在实验组样品中是否有特异性条带产生，即有无外源蛋白。

② 若有特异性条带，根据蛋白标记各条带的位置和特异性条带的位置（图 5-6），判断外源蛋白的分子量大小。

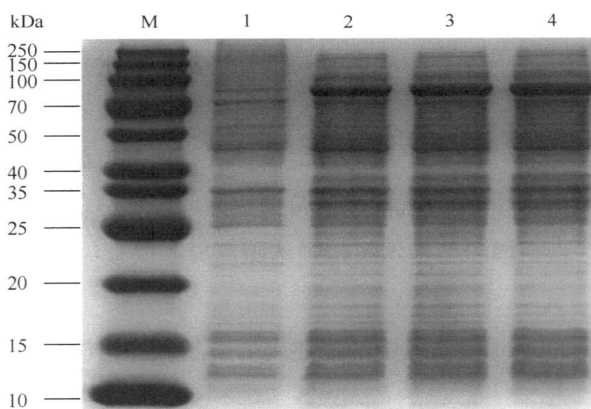

图 5-6 蛋白质电泳结果图
1—阴性对照；2、3、4—样品

任务结束后，完成《学生技能训练手册》考评工单。

工作反思

1. 实验过程中都遇到了哪些问题？如何解决的？

2. 结合实验过程思考一下，影响检测结果的因素都有哪些？

【知识拓展】

蛋白质印迹技术（Western blotting）

一、Western 印迹技术的基本原理

印迹法（blotting）是指将样品从凝胶转移到固相载体上，然后利用一些生物化学反应使样品在固相载体上能够被检测出来的一种方法。根据样品的不同，印迹法又分为 Southern 印迹法、Northern 印迹法、Western 印迹法和 Eastern 印迹法。

1975 年，Edwin Mellor Southern 首次将 DNA 转移到了硝酸纤维膜（NC 膜）上，并且利用 DNA-DNA 杂交检测到了特异性 DNA 片段，这一方法被称为 Southern 印迹法。随后，人们逐渐掌握了 RNA 的印迹分析技术（被称为 Northern 印迹法）和蛋白质的印迹分析技术。单向电泳后的蛋白质印迹技术被称为 Western 印迹法，而双向电泳后的蛋白质印迹技术则被称为 Eastern 印迹法。

蛋白质样品经过聚丙烯酰胺凝胶电泳后，在 SDS-PAGE 中分离成不同的条带。将跑好的 SDS-PAGE 凝胶和聚偏氟乙烯膜（PVDF 膜）或硝酸纤维膜（NC 膜）紧贴在一起，在电场的作用下，蛋白质会朝一个方向从凝胶中移动到 PVDF 膜或 NC 膜上。然后对膜上的蛋白质进行特异性免疫反应，就可以实现样品的定性和半定量检测。在对蛋白质进行特异性免疫反应时，常用到一抗和二抗：一抗可以特异性地与待测蛋白结合；二抗通常标记有发光酶、荧光基团或放射性同位素，可以与一抗特异性结合，并且在特定显影作用下产生化学发光、荧光或者放射性自显影信号，最终使待测蛋白质被特异性检测到。

二、Western 印迹技术的基本操作

1. 转膜电泳系统的组成

转膜电泳系统主要由转膜仪和电泳仪电源两部分组成。其中，电泳仪电源在"SDS-PAGE 的基本操作"中已做过详细介绍，在这里我们仅对转膜仪进行描述。

如图 5-7 所示，是某品牌某型号转膜仪。转膜仪上盖和转膜仪下槽，无论在功能方面还是构造方面，均与 SDS-PAGE 电泳仪相同。转膜仪主体由转膜三明治结构和转膜支撑体

组成。

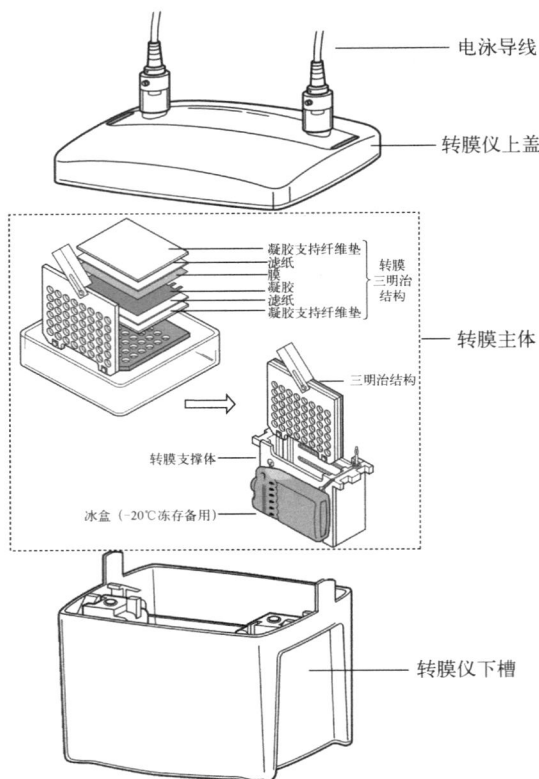

图 5-7　某品牌某型号转膜电泳系统示意图

（1）转膜三明治结构

首先取一个转膜卡盒（即图中带有两块多孔板的卡盒），为了便于区分正负极，卡盒的两块多孔板通常被设计成两种颜色，一般为黑色（对应负极）和红色（对应正极），或者黑色（对应负极）和白色（对应正极）。将黑色多孔板平放在洁净桌面上或适宜容器中，然后按照"凝胶支持纤维垫"—"滤纸"—"凝胶"—"膜"—"滤纸"—"凝胶支持纤维垫"的顺序依次紧密码放。在码放时，一定要注意凝胶和膜之间不能有气泡，否则将影响转膜效果。码放前，纤维垫、滤纸、凝胶和膜都需要在转膜缓冲液中浸泡平衡 30 min。若使用的膜是 PVDF 膜，还需要先将 PVDF 膜浸于无水甲醇中 5 min，然后用去离子水浸泡 2 min，随后再放入转膜缓冲液中平衡 30 min。

卡盒内的纤维垫、滤纸、凝胶和膜按要求码放好后，将卡盒合起并且扣紧。这一过程中要时刻注意凝胶和膜的位置，不能有错位，更不能使二者之间产生间隙。卡盒扣好后即为我们常说的转膜三明治结构。

（2）转膜支撑体

转膜支撑体用于放置和固定转膜三明治结构，并且内含电路，加入转膜缓冲液后可以形成闭合回路。值得注意的是，转膜支撑体有正极和负极，在放置三明治结构和连通电源时一定要注意正负极方向。凝胶一侧朝向负极（黑色），膜的一侧朝向正极（红色）。

此外，有些型号的转膜仪还配备了冰盒，转印开始时将冰盒放置在转膜仪下槽中靠近转膜支撑体的位置，可以达到很好的散热效果。

2. 溶液配制

（1）1×转膜缓冲液

称取 3.03 g 三羟甲基氨基甲烷（Tris base）和 14.4 g 甘氨酸，加入 200 mL 无水甲醇，混匀后用去离子水定容至 1000 mL。

（2）丽春红染色液

于 1 mL 冰醋酸中溶解 0.5 g 丽春红，用去离子水定容至 100 mL。

（3）TBST 缓冲液

① 10×TBS 缓冲液　24.2 g 三羟甲基氨基甲烷（Tris base）和 80.0 g 氯化钠溶于约 800 mL 去离子水，调 pH 至 7.6，定容至 1000 mL。

② 1×TBST 缓冲液　10×TBS 缓冲液、去离子水和吐温-20 按照体积比 100∶900∶1 的比例进行混匀。

（4）5%脱脂奶粉封闭液

称取 5 g 脱脂奶粉溶于 100 mL 的 1×TBST 缓冲液。

（5）一抗溶液

首先根据待测蛋白选择合适的一抗，然后按照说明书对一抗进行稀释，制得一抗溶液。

（6）二抗溶液

首先根据选择的一抗来确定合适的二抗，然后按照说明书对二抗进行稀释，制得二抗溶液。

（7）显影液

目前已有配制好的显影液试剂盒，可以直接购买使用。商品化试剂盒常用的方法有 ECL 法及其改良法。

3. 操作步骤

（1）转膜所需材料的准备

SDS-PAGE 电泳结束后取下凝胶，小心地去除浓缩胶。在蛋白标记（Marker）上方空白的地方切掉一个小角，用于标记 Marker 的位置（如果使用预染的 Marker，可以不用做标记）。

将 PVDF 膜（或 NC 膜）以及滤纸裁剪成和凝胶一样的大小，也可以直接购买预裁剪成固定大小的膜和滤纸。

（2）转膜所需材料的平衡

将上述准备好的凝胶和滤纸，以及仪器中自带的凝胶支持纤维垫，一同放入 1×转膜缓冲液中浸泡 30 min。膜也需要平衡，处理方法因膜材料的不同而略有不同。NC 膜直接浸泡在 1×转膜缓冲液中 30 min。PVDF 膜先在无水甲醇中浸泡 5 min，然后放入去离子水中浸泡 2 min，最后放入 1×转膜缓冲液中浸泡 30 min。

（3）转膜三明治结构的组装

按照转膜电泳系统的组成中"转膜三明治结构"的描述，组装转膜三明治结构，具体步骤为：

将转膜卡盒展开，黑色一面朝下平放在洁净的桌面上或者适宜的容器中。容器中可以加入适量 1×转膜缓冲液，以保证组装过程中各材料保持湿润。按照"凝胶支持纤维垫"—"滤纸"—"凝胶"—"膜"—"滤纸"—"凝胶支持纤维垫"的顺序依次紧密码放各层材料。码放时，可以用玻璃棒或者试管在码放材料上轻轻地滚动，以赶走各层材料间混入的气泡。尤其是凝胶和膜材料之间一定不能有气泡，否则将会影响转印效果。码好后，将卡盒合起并且扣紧，扣紧时要时刻注意凝胶和膜的位置，不能有错位，更不能使二者之间产生间隙。

（4）转膜电泳的启动

将组装好的"转膜三明治结构"放入转膜支撑体中（黑对黑，红对红，即凝胶靠近负极，膜靠近正极），然后一起放进电泳仪下槽。将冰盒放到转膜支撑体一侧，在槽中加入适量 1×转膜缓冲液，使缓冲液完全淹没电极板。正负极对应着盖好电泳仪上盖，连接电源，在 200～250 mA 的恒电流模式下进行电泳。具体电泳时间根据蛋白质分子量大小和凝胶浓度进行调整，详见表 5-4。

表 5-4 转膜时间参考表

目的蛋白分子大小/kDa	凝胶浓度/%	转移时间/h
80～140	8	1.5～2
25～80	10	1.5
15～40	12	0.75
<20	15	0.5

（5）转膜电泳的结束

电泳进行适当的时间后，关闭电源并取掉电泳仪上盖。拿出三明治结构，打开卡盒，取出膜和凝胶。根据预染 Marker 在膜上的情况判断转膜效果，若使用的 Marker 未经过预染，可以用丽春红染色剂进行染色观察。用铅笔在膜上标记的正上方空白处做标记。

（6）转印膜的封闭

转印结束，蛋白质从凝胶迁移至膜上，吸附在膜材料相应位置的孔洞中。膜上除了吸附了蛋白的位置外，其他位置的孔洞都是完全敞开的。在后续的实验过程中需要添加一抗，若不将这些敞开的孔洞封闭起来，一抗很容易被非特异性地吸附在这些孔洞中，影响对目的蛋白的特异性检测。

具体的封闭步骤为：将转印好的膜用滤纸吸干，放在适宜大小的容器中或者放在杂交袋中。加入5%脱脂奶粉封闭液，使膜被完全浸没，置于摇床缓慢摇动1 h。封闭结束后取出膜，用滤纸吸干残留液。

（7）一抗孵育

将封闭好的膜放入适宜容器或杂交袋中，加入一抗溶液。置于摇床上，室温孵育 2 h或4℃孵育过夜。孵育结束后，回收一抗溶液，用1×TBST 缓冲液洗膜，共洗 4 次，每次摇晃清洗 10 min。

（8）二抗孵育

一抗孵育后，将膜再次放入适宜容器或杂交袋中，加入二抗溶液。置于摇床上室温孵育 1 h。孵育结束后，用1×TBST 缓冲液洗膜，共洗 4 次，每次摇晃清洗 10 min。取出膜，用滤纸将膜表面残留的 TBST 缓冲液吸干。

（9）化学发光与显色

目前商品化的二抗通常标记了化学发光酶，常用的有辣根过氧化物酶（HRP）和碱性磷酸酶（AP）。化学发光酶可以特异性催化其对应的底物发生氧化还原反应，产生化学发光。针对不同的二抗标记物，有相应的商品化显影试剂盒。实际实验中，按照试剂盒中的操作步骤进行显影即可。

（10）成像

将膜放入化学发光仪内，进行曝光照相，并用图像分析软件进行分析。

4. 注意事项

① 接触膜材料时，佩戴洁净手套，避免污染膜。

② SDS-PAGE 中的蛋白质带负电荷，在电场作用下向正极移动，从而实现蛋白质自凝胶向膜的迁移。所以组装转膜三明治结构和接通电路时，一定要注意正负极（黑对黑，红对红，即凝胶靠近负极，膜靠近正极）。正负极接反时，蛋白质会从凝胶迁移到滤纸方向。

③ 转膜时，要放置冰盒。过夜转膜时，最好还要放置磁力搅拌转子，将电泳槽放到磁力搅拌上，缓慢搅动转膜缓冲液，增强散热。必要时，还可以将电泳槽整个置于冰浴中。

④ 蛋白质浓度低的样品，可以增加一抗浓度或者增加上样量，从而提高检测灵敏度。

⑤ 封闭应该彻底：封闭不完全时会导致背景加深，甚至无法辨认特异性条带。

⑥ 二抗浓度不宜过高，孵育时间也不宜过长。否则会增加非特异性结合，使背景加深。

知识小结

1. 蛋白质的理化性质。蛋白质常见的理化性质有：溶解度、等电点、分子质量、密度、所带电荷、配体特异性、疏水性质、基因工程构建的纯化标记等。

2. 蛋白质的分离纯化方法。蛋白质的分离纯化方法主要有：沉淀法（又分为盐析法、等电点沉淀法、有机溶剂沉淀法和亲和沉淀法）、透析和超滤、电泳技术（又分为纸电泳、粉末电泳、凝胶电泳和缘线电泳）和色谱技术（又分为分子筛色谱、离子交换色谱、亲和色谱和疏水作用色谱）。

3. 蛋白质的凝胶电泳技术。以琼脂凝胶、淀粉凝胶、琼脂糖凝胶或聚丙烯酰胺凝胶等作为支持介质的区带电泳法被称为凝胶电泳。其中，聚丙烯酰胺凝胶电泳是蛋白质分离鉴定时最常用、最基础的电泳方法。聚丙烯酰胺凝胶内部呈立体网络结构，有类似分子筛的作用。聚丙烯酰胺凝胶内部的孔径大小可以人为控制，能够实现各种分子量大小的蛋白质的分离。我们常说的聚丙烯酰胺凝胶电泳主要是指常规聚丙烯酰胺电泳（PAGE，非变性电泳）和 SDS-聚丙烯酰胺电泳（SDS-PAGE，变性电泳）。

能力测验

一、单项选择题

1. 下列方法中，依据蛋白质分子量大小的原理进行分离的是（　　）。

A. 沉淀法

B. 透析和超滤

C. 离子交换色谱

D. 亲和色谱

2. 下列方法中，不是根据溶解度的大小对蛋白质进行分离的是（　　）。

A. 盐析法

B. 等电点沉淀法

C. 有机溶剂沉淀法

D. 分子筛色谱

3. SDS-PAGE 电泳实验步骤的正确顺序为（　　）。

①凝胶制备；②试剂配制；③加样与电泳；④电泳系统准备；⑤染色与脱色；⑥剥胶与固定。

A. ②①④③⑥⑤　　　B. ②①③④⑥⑤　　　C. ②①③④⑤⑥　D. ②①④⑤⑥③

4. 单向电泳后的蛋白质印迹技术被称为（　　）。

A. Southern 印迹法

B. Northern 印迹法

C. Western 印迹法

D. Eastern 印迹法

5. Western 印迹法实验步骤的正确顺序为（　　　）。

①三明治结构的组装；②转膜材料的平衡；③封闭；④电泳的启动与结束；⑤化学发光与显色；⑥一抗和二抗孵育。

A. ②①④③⑥⑤　　　B. ②①③④⑥⑤　　　C. ②①③④⑤⑥　D. ②①④⑤⑥③

二、填空题

1. 用聚丙烯酰胺凝胶电泳分离样品时，存在三种效应：_____、_____、_____，其中_____在 SDS-PAGE 中不存在。

2. 在 SDS-PAGE 电泳系统中，制胶配件主要有：_____、_____、_____、_____、_____、_____。

3. 10% APS 应该_____，不可存放超过 24 h。

4. Western 印迹技术中常用到两种膜，分别是：_____、_____。

5. 转膜电泳时，凝胶应靠近_____，膜应靠近_____。

三、简答题

1. 蛋白质常见的理化性质有哪些？

2. 蛋白质的分离纯化方法有哪些种类？

3. 请简述 SDS-PAGE 电泳的基本原理。

4. 请简述 SDS-PAGE 凝胶的制备过程。

5. 请简述 SDS-PAGE 电泳的注意事项。

参 考 文 献

[1] 丁卫平，张士财，汪斌. 分子生物学技术在食品检测中的应用限制因素及建议措施[J]. 中国调味品，2020，45（8）:195-197，200.

[2] 姚蓉. 实验室常用危险化学品的管理分析[J]. 能源与环境，2020（6）:108-109.

[3] 朱玉贤，李毅，郑晓峰. 现代分子生物学[M]. 3 版. 北京：高等教育出版社，2007.

[4] 罗云波，生吉萍. 食品生物技术导论[M]. 北京：化学工业出版社，2006.

[5] 迪芬巴赫 C W，德维克勒 Q S. PCR 技术实验指南[M]. 北京：科学出版社，1998.

[6] 周亮，陈颖，于浩洋，等. PCR 技术在食品检测中的应用[J]. 食品安全导刊，2020（12）:181.

[7] 覃鸿妮，谢钰珍，吴凡. 基因工程操作基础[M]. 苏州：苏州大学出版社，2018，12.

[8] 郑芳，徐克前，张纯洁. 分子生物学检验技术学习与考试指导[M]. 北京：中国协和医科大学出版社，2005.

[9] 周巍. 现代分子生物学技术食品安全检测应用解析[M]. 石家庄：河北科学技术出版社，2018.

[10] 谭贵良，赖心田. 现代分子生物学及组学技术在食品安全检测中的应用[M]. 广州：中山大学出版社，2014.

[11] 汪川. 分子生物学检验技术[M]. 成都：四川大学出版社，2016.

[12] 詹亚光，范桂枝，曾凡锁. 基因工程实验技术教程[M]. 哈尔滨：东北林业大学出版社，2007.

[13] 金国琴，柳春. 生物化学[M]. 上海：上海科学技术出版社，2017.

[14] 王安，岳鹏，杜欣悦，等. 酶联免疫吸附试验在食品检测中的应用[J]. 分析与检测，2018（4）:107.

[15] 王硕，张鸿雁，王俊平. 酶联免疫吸附分析方法基本原理及其在食品化学污染物检测中的应用[M]. 北京：化学工业出版社，2011.

[16] 中华人民共和国农业部. 动物性食品中莱克多巴胺残留检测 酶联免疫吸附法：农业部 1025 号公告-6—2008[S].

[17] 农业部转基因产品检测 蛋白质检测方法：GB/T 19495.8—2004[S].

[18] 张建社，褚武英，陈韬. 蛋白质分离与纯化技术[M]. 北京：军事医学科学出版社，2009.